建筑工程职业技能岗位培训图解教材

# 混凝土工

本书编委会　编

中国建筑工业出版社

图书在版编目（CIP）数据

混凝土工 / 本书编委会编 . —北京：中国建筑工业出版社，2016.1
建筑工程职业技能岗位培训图解教材
ISBN 978-7-112-18853-6

Ⅰ.①混… Ⅱ.①本… Ⅲ.①混凝土施工—岗位培训—教材 Ⅳ.① TU755

中国版本图书馆 CIP 数据核字（2015）第 303281 号

本书是根据国家颁布的《建筑工程施工职业技能标准》进行编写的，主要介绍了混凝土工的基础知识、建筑识图的基础与民用房屋的建筑组成、混凝土的组成材料、混凝土工程机具、基槽（坑）的开挖、混凝土配合比设计和搅拌、混凝土浇筑作业的基础知识、几种重要建筑构件的浇筑作业、混凝土的养护及质量控制等内容。

本书内容丰富，详略得当，用图文并茂的方式介绍混凝土工的施工技法，便于理解和学习。本书可作为建筑工程职业技能岗位培训相关教材使用，也可供建筑施工现场混凝土工人参考使用。

责任编辑：武晓涛
责任校对：张 颖 刘 钰

建筑工程职业技能岗位培训图解教材
**混凝土工**
本书编委会 编
*
中国建筑工业出版社出版、发行（北京西郊百万庄）
各地新华书店、建筑书店经销
北京京点图文设计有限公司制版
北京富生印刷厂印刷
*
开本：787×1092 毫米 1/16 印张：10½ 字数：180 千字
2016 年 3 月第一版 2016 年 3 月第一次印刷
定价：30.00 元（附网络下载）
ISBN 978-7-112-18853-6
（28084）

# 《混凝土工》
# 编委会

**主编：** 陈洪刚

**参编：** 王志顺　张　彤　伏文英　刘立华
刘　培　何　萍　范小波　张　盼
王昌丁　李亚州

# 前　言

近年来，随着我国经济建设的飞速发展，各种工程建设新技术、新工艺、新产品、新材料也得到了广泛的应用，这就要求提高建筑工程各工种的职业素质和专业技能水平，同时，为了帮助读者尽快取得《职业技能岗位证书》，熟悉和掌握相关技能，我们编写了此书。

本书是根据国家颁布的《建筑工程施工职业技能标准》进行编写的，主要介绍了混凝土工的基础知识、建筑识图的基础与民用房屋的建筑组成、混凝土的组成材料、混凝土工程机具、基槽（坑）的开挖、混凝土配合比设计和搅拌、混凝土浇筑作业的基础知识、几种重要建筑构件的浇筑作业、混凝土的养护及质量控制等内容。

本书内容丰富，详略得当，用图文并茂的方式介绍混凝土工的施工技法，便于理解和学习。本书可作为建筑工程职业技能岗位培训相关教材使用，也可供建筑施工现场混凝土工人参考使用。同时为方便教学，本书编者制作有相关课件，读者可从中国建筑工业出版社官网下载。

本书编写过程中，尽管编写人员尽心尽力，但错误及不当之处在所难免，敬请广大读者批评指正，以便及时修订与完善。

编者

2015 年 11 月

# 目　录

# 第一章 混凝土工的基础知识

## 第一节 混凝土工职业技能等级要求

### 1. 初级混凝土工应符合下列规定

#### （1）理论知识

1）了解建筑识图中常见的名称、图例和代号，民用房屋的建筑组成，以及相关部位所起的作用和要求。

2）熟悉砂石的种类、质量要求和保管方法。

3）了解混凝土拌合物工作性能的一些基本要求；熟悉其搅拌、浇筑和振捣成型的操作步骤和方法。

4）了解一般钢筋混凝土基础、墙体、柱子和梁板的混凝土浇筑和操作要点。

5）了解混凝土养护的基本知识。

6）了解钢筋保护层的作用，以及钢筋保护层厚度的规定。

7）了解基槽（坑）人工开挖的一些基本要求。

8）熟悉常用工具、量具名称，了解其功能和用途。

9）了解安全生产基本常识及常见安全生产防护用品的功用。

### (2) 操作技能

1）能够操作使用插入式和平板式振动器，并能做简单的维护保养。

2）会在高等级工的指导下浇捣一般的钢筋混凝土基础、梁、柱、板和楼梯等建筑结构部位。

3）按柱、梁和板等结构混凝土中钢筋保护层的要求正确放置各类保护层垫块。

4）会按要求修复钢筋骨架在混凝土浇捣成型过程中变形和损坏，并对混凝土表面的麻面、蜂窝进行修补。

5）能够在高等级工的指导下进行基槽（坑）人工土方开挖。

6）会使用劳防用品进行简单的劳动防护。

## 2. 中级混凝土工应符合下列规定

### (1) 理论知识

1）了解建筑识图的基本方法和单层工业厂房的组成，以及相关部位所起的作用和要求。

2）熟悉常用水泥的种类、强度等级和保管方法，以及砂石的性能和使用范围。

3）了解较复杂钢筋混凝土基础、墙体、柱子和梁板的混凝土浇筑和操作要点。

4）熟悉混凝土拌合物工作性能的一些基本要求，以及坍落度的测试方法；掌握其搅拌、浇筑和振捣成型的操作步骤和方法。

5）掌握普通水泥的水化凝结过程和混凝土养护的方法和要求。

6）了解混凝土强度等级的分类和检验评定混凝土强度的试件的制作和养护方法。

7）了解钢筋在混凝土结构中的作用及商品混凝土的基本知识。

8）熟悉基槽（坑）放坡开挖的基本要求，以及素土、灰土和三合土垫层分层夯实的要求。

9）熟悉安全生产操作规程。

### (2) 操作技能

1)能够操作使用各类振动器、夯实机等施工机械，并能做简单的维护保养。

2）能够浇捣一般的钢筋混凝土基础、梁、柱、板和楼梯等建筑结构部位。

3）能够制作各种立方体混凝土试件。

4）会测试混凝土坍落度，并会判断混凝土的工作性能。

5）会按基槽（坑）开挖的操作要点进行人工土方开挖。

6）会根据砂、石含水率进行混凝土施工配合比的计算。

7）能够在作业中实施安全操作。

## 3. 高级混凝土工应符合下列规定

### (1) 理论知识

1）熟悉建筑施工图的有关知识。

2）了解钢筋混凝土结构房屋的受力特点的基本知识及主筋、架立筋、箍筋和分布筋等钢筋在混凝土结构中的作用。

3）熟悉普通水泥、掺合料和外加剂的技术特性、使用方法和适用范围。

4）熟悉轻质混凝土和加气混凝土的材料组成、技术性能和施工工艺过程。

5）了解土的分类和鉴别，以及素土、灰土和三合土垫层的施工方法。

6）了解屋架、吊车梁等预制构件的浇筑和操作方法。

7）熟悉建筑物不同结构施工拆模时对混凝土强度性能的要求，并掌握其拆模期限。

8）掌握预防和处理质量安全事故的方法及措施。

### (2) 操作技能

1）能够做混凝土工程浇捣前的施工准备和对前道工序的交接检查。

2）会对常用的混凝土施工机械进行维修保养，并能排除其一般的电气、线路和机械故障。

3）能够进行泵送混凝土大体积基础的施工。

4）会进行普通混凝土配合比的设计。

5）能够进行普通钢筋混凝土吊车梁、屋架、方桩等预制构件的浇筑。

6）能够进行轻质混凝土和加气混凝土的施工。

7）能够按图进行混凝土的工料计算。

8）会进行分项工程和检验批的验收。

9）能够按安全生产规程指导初、中级工作业。

## 4. 混凝土工技师应符合下列规定

### (1) 理论知识

1）熟悉结构施工图的有关知识。

2）熟悉特种水泥和外加剂的技术特性、使用方法和适用范围。

3）了解先张法和后张法预应力的施工方面的技术知识。

4）熟悉特种功能混凝土配合比设计的有关知识。

5）了解基槽（坑）的检验目的和探测方法。

6）熟悉分部工程和单位工程施工质量的验收和评定。

7）熟悉有关安全法规及简单突发安全事故的处理程序。

### (2) 操作技能

1）能够进行预应力钢筋混凝土吊车梁、屋架等预制构件的施工。

2）会进行耐酸、耐碱和耐热等特种功能混凝土配合比的设计。

3）能够进行耐酸、耐碱和耐热等特种功能混凝土的施工。

4）会推广和应用新材料和新设备。

5）会编制本职业施工组织设计，并组织施工。

6）会进行分部工程和单位工程的质量验收和评定。

7）能够对初、中级和高级工进行示范操作，传授技能。

8）能够根据生产环境，提出安全生产建议，并处理简单突发安全事故。

## 5. 混凝土工高级技师应符合下列规定

### (1) 理论知识

1）了解设备施工图的有关知识，以及建筑、结构和设备施工图之间的相互关系。

2）熟悉特种材料混凝土的组成、分类和性能。

3）熟悉井点降水法施工的原理和施工方法。

4）了解地基流砂的防止和处理的方法。

5）熟悉特种材料混凝土配合比设计的有关知识和配合比设计方法。

6）熟悉大模板、滑模、升板的应用原理和混凝土施工工艺流程。

7）熟悉筒仓、烟囱和水塔等构筑物的混凝土施工工艺流程。

8）了解单位工程质量验收与评定的方法。

9）会应用计算机辅助软件进行一般建筑图纸的绘制。

10）掌握有关安全法规及突发安全事故的处理程序。

### (2) 操作技能

1）能够进行特种材料混凝土配合比的设计。

2）能够进行特种材料混凝土的施工。

3）能够进行井点降水法施工。

4）会大模板、滑模和升板的施工。

5）能够进行筒仓、烟囱和水塔等构筑物的混凝土施工。

6）会进行地基流砂的处理。

7）能够推广和应用新技术和新工艺。

8）能够提出解决本职业疑难问题的施工方案，并组织实施。

9）会应用计算机辅助软件进行建筑、结构和设备图等有关图纸的绘制。

10）能够编制突发安全事故处理的预案，并熟练进行现场处置。

# 第二节 混凝土施工作业中的安全知识

## 1. 安全教育

必须参加针对施工项目特点的安全教育，认真贯彻“安全第一”和“预防为主”的方针、安全标准、操作规程和安全技术措施，提高作业人员的安全操作意识和安全防护能力。

建筑工程施工作业，对专业性强、操作技能高的工种的岗位，严格实行培训合格后“持证上岗”、“分级作业”，按工种明确施工作业的对象和技能等级。工程实践证明机电操作作业、高处作业、深坑作业占工程施工安全事故的 90% 以上。

## 2. 混凝土工的安全技术要点

混凝土工的安全技术要点，见表 1-1。

**混凝土工的安全技术要点** **表 1-1**

| 序号 | 图示及说明 |
| --- | --- |
| 1 | 在上岗操作前，必须检查施工环境是否符合要求、道路是否畅通、机具是否牢固、安全设施是否配套、安全措施是否配套、防护用品是否安全，经检查符合要求后，才能上岗操作。<br>安全措施包括“三宝”、“四口”：“三宝”指安全帽、安全带、安全网；“四口”指通道口、预留洞口、楼梯口、电梯井口。   |

续表

| 序号 | 图示及说明 |
| --- | --- |
| 2 | 上岗操作的台、架，经安全检查部门验收合格后，才准使用；验收合格后的台、架，未经批准不得随意改动；大、中、小机电设备要由持证上岗人员专职操作、管理和维修，非操作人员一律不准启动使用；在同一垂直面，有上下交叉作业时，必须设有安全隔离层、下方操作人员必须戴安全帽；高处作业人员必须经医生检查合格后，才准上岗。 |
| 3 |  在深基础或夜间施工时，应设有足够的照明设备，照明灯应有防护罩，不得用超过36V的电压，金属容器内行灯照明不得用超过12V的安全电压。 |
| 4 |    室内外的井、洞、坑、池、楼梯应设有安全护栏或防护袋、罩等设施。在浇筑混凝土前，对各项安全设施要认真检查其是否安全可靠及有无隐患，尤其是模板支撑、操作脚手架预设及指挥联络信号等。 |
| 5 |  各种搅拌机除反转出料搅拌机外，以单向旋转进行搅拌。因此，在接电源时应注意搅拌筒转向要符合搅拌筒上的箭头方向。<br>1）开机前先检查电气设备的绝缘和接地是否良好，皮带轮保护罩是否完整。<br>2）工作时，机械应先启动，待机械运转正常后，再加料搅拌，要边加料边加水。若遇中途停机停电时，应立即将料卸出，不允许中途停机后重载启动。<br>3）常温施工时，机械应安放在防雨棚内；冬期施工机械应安放在高温棚内。<br>4）非司机人员，严禁开动机械。 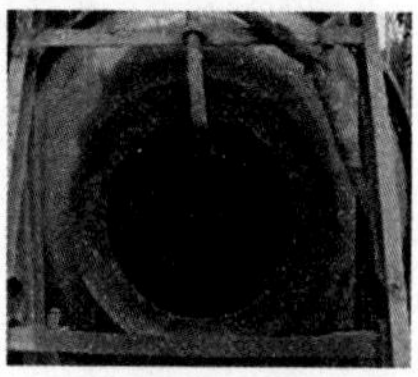 |
| 6 | 搅拌站内必须按规定设置良好的通风与防尘设备，空气中粉尘的含量不得超过国家标准。 |
| 7 |     用手推车运输混凝土时，用力不得过猛，不准撒把。<br>向坑槽内倒混凝土时必须沿坑槽边设不低于10mm高的车轮挡装置。推车人员倒料时，要站稳、保持身体平衡、并通知下方人员躲开。<br>在架子上推车运送混凝土时，两车之间必须保持一定距离，并右侧通行。<br>混凝土装车容量，不得超过车斗容量的3/4。 |

续表

| 序号 | 图示及说明 |
|---|---|
| 8 | 电动内部或外部振动器在使用前，应先对电动机、导线、开关等进行检查。如导线破损、绝缘开关不灵、无漏电保护装置等，要禁止使用。 |
| 9 |   电动振动器的使用者在操作时，必须戴绝缘手套、穿绝缘鞋，停机后要切断电源、锁好开关箱。 |
| 10 | 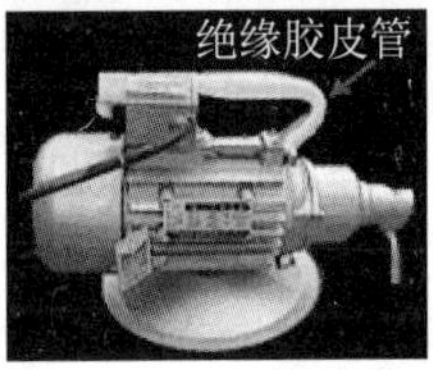 绝缘胶皮管<br>电动振动器必须用按钮开关，不得用插头开关，振动器的扶手必须套上绝缘胶皮管。振动器不得在初凝混凝土、板、脚手架、道路和干硬的地方试振。搬离振动器时，要在切断电源后进行，否则不准搬、抬或者移动。<br>平板振动器与平板应保持紧固，电源线必须固定在平板上，电器开关应装在便于操作的地方。<br>注：各种振动器在做好防护接零的基础上，还应安置漏电保护器。 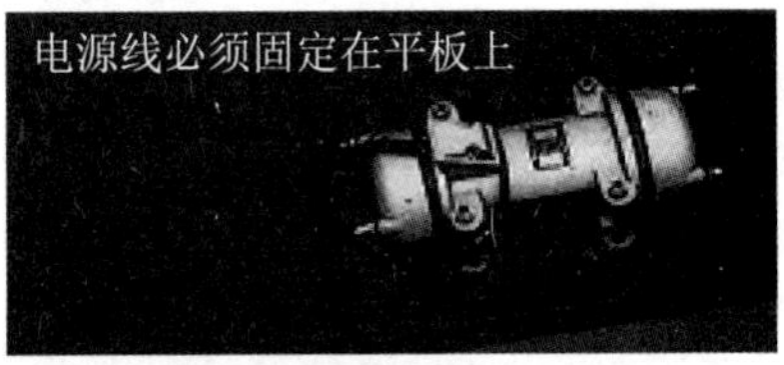<br>电源线必须固定在平板上 |
| 11 |  使用吊罐斗浇筑混凝土时，应经常检查吊罐斗、钢丝绳和卡具，如有隐患要及时处理，并应设专人指挥。 |
| 12 | 浇筑混凝土所使用的溜槽及串筒节间必须连接牢固，操作部位应有防护栏杆，不准直接站在溜槽帮上操作。 |
| 13 | 浇筑框架、梁、柱混凝土时，应设操作台，不得直接站在模板或支撑上操作。   |
| 14 |  封闭<br>脚手架<br>浇筑拱形结构，应自两边拱角对称同时进行；浇筑圈梁、雨篷、阳台时应设防护设施，浇筑料仓时，下口应先封闭，并铺设临时脚手架，以防人员下坠。 |

## 第三节 钢筋保护层

钢筋保护层，是最外层钢筋外边缘至混凝土表面的距离。

### 1. 结构

在耐久性设计中，如无特殊标明，钢筋保护层应为最外侧钢筋的保护层，通常情况下应为箍筋或外侧分布筋而不是主筋。

### 2. 作用

1）混凝土结构中，钢筋混凝土是由钢筋和混凝土两种不同材料组成的复合材料，两种材料具有良好的粘结性能是它们共同工作的基础，从钢筋粘结锚固角度对混凝土保护层提出要求，是为了保证钢筋与其周围混凝土能共同工作，并使钢筋充分发挥计算所需强度。

2）钢筋裸露在大气或者其他介质中，容易受蚀生锈，使得钢筋的有效截面减少，影响结构受力，因此需要根据耐久性要求规定不同使用环境的混凝土保护层最小厚度，以保证构件在设计使用年限内钢筋不发生降低结构可靠度的锈蚀。

3）对有防火要求的钢筋混凝土梁、板及预应力构件，对混凝土保护层提出要求是为了保证构件在火灾中按建筑物的耐火等级确定的耐火极限的这段时间里，构件不会失去支持能力。

### 3. 厚度

钢筋保护层的厚度应根据《混凝土结构耐久性设计规范》（GB/T 50476—2008）的相关规定确定。

## 第四节 建筑工程施工图识读方法

在识读建筑工程施工图时，应掌握正确的识读方法和步骤，按照“了解总体、顺序看图、前后对照、重点细读”的方法来看图。

### 1. 了解总体

拿到建筑工程施工图后首先要看目录、总平面图和施工总说明，以大致了解工程的概况，如工程设计单位、建设单位、新建工程项目所在的位置、周围环境、施工技术要求等。对照目录检查图纸是否齐全，采用了哪些标准图集，并准备齐这些标准图集。然后看建筑平、立、剖面图，大体上想象一下建筑物的立体形象及内部布置。

### 2. 顺序看图

在总体了解建筑物的情况以后，根据施工的先后顺序，从基础到墙体（或柱）、结构的平面布置以及各专业的相互联系和制约、建筑构造及装修的顺序等都要仔细阅读有关图纸。

### 3. 前后对照

在看建筑工程施工图时，要注意平面图与立面图和剖面图对照着看，建筑施工图和结构施工图对照着看，土建施工图与设备施工图对照着看，对整个工程施工情况及技术要求做到心中有数。

### 4. 重点细读

根据专业不同，要读的重点也就不同，在对整个工程情况了解之后，再对专业重点地细读，并将遇到的问题记录下来及时向设计部门反映；必要时可形成文件发给设计部门。

## 第五节 单层工业厂房的组成

单层工业厂房的结构组成一般分为两种类型，即墙体承重结构和骨架承重结构。

### 1. 墙体承重结构

墙体承重结构是外墙采用砖、砖柱的承重结构。

### 2. 骨架承重结构

骨架承重结构是由钢筋混凝土构件或钢构件组成骨架的承重结构。厂房的骨架由下列构件组成，墙体仅起围护作用。

#### （1）屋盖结构

包括屋面板、屋架（或屋面梁）及天窗架、托架等。

1）屋面板直接铺在屋架或屋面梁上，承受其上面的荷载，并传给屋架或屋面梁。

2）屋架（屋面梁）是屋盖结构的主要承重构件，屋面板上的荷载、天窗荷载都要由屋架（屋面梁）承担，屋架（屋面梁）搁置在柱子上。

### （2）吊车梁

吊车梁安放在柱子伸出的牛腿上，它承受吊车自重、吊车最大起重量以及吊车刹车时产生的冲切力，并将这些荷载传给柱子。

### （3）柱子

柱子是厂房的主要承重构件，它承受着屋盖、吊车梁、墙体上的荷载，以及山墙传来的风荷载，并把这些荷载传给基础。

### （4）基础

承担作用在柱子上的全部荷载，以及基础梁上部分墙体荷载，并由基础传给地基。基础采用独立式基础。

### （5）外墙围护系统

包括厂房四周的外墙、抗风柱、墙梁和基础梁等。这些构件所承受的荷载主要是墙体和构件的自重以及作用在墙体上的风荷载等。

### （6）支撑系统

支撑系统包括柱间支撑和屋盖支撑两大部分，其作用是加强厂房结构的空间整体刚度和稳定性，主要传递水平风荷载以及吊车产生的冲切力。

# 第二章 建筑识图的基础与民用房屋的建筑组成

## 第一节 建筑识图中常见图例和代号

### 1. 常用建筑材料图例

常用建筑材料图例，详见表2-1。

常用建筑材料图例　　表2-1

| 序号 | 名称 | 图例 | 备注 |
|---|---|---|---|
| 1 | 自然土壤 | | 包括各种自然土壤 |
| 2 | 夯实土壤 | | — |
| 3 | 砂、灰土 | | — |
| 4 | 砂砾石、碎砖三合土 | | — |
| 5 | 石材 | | — |
| 6 | 毛石 | | — |

续表

| 序号 | 名称 | 图例 | 备注 |
|---|---|---|---|
| 7 | 普通砖 | 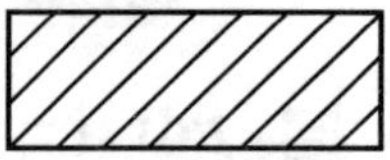  | 包括实心砖、多孔砖、砌块等砌体。断面较窄不易绘出图例线时，可涂红，并在图纸备注中加注说明，画出该材料图例 |
| 8 | 耐火砖 | 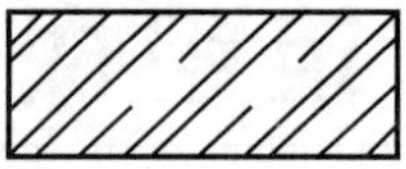  | 包括耐酸砖等砌体 |
| 9 | 空心砖 | 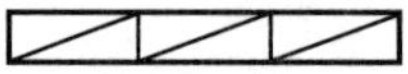  | 指非承重砖砌体 |
| 10 | 饰面砖 | 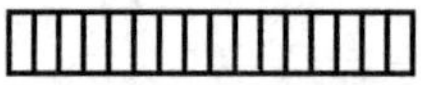  | 包括铺地砖、马赛克、陶瓷锦砖、人造大理石等 |
| 11 | 焦渣、矿渣 | 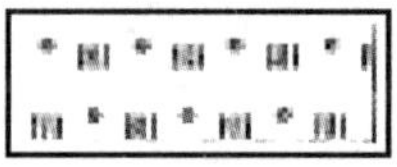  | 包括与水泥、石灰等混合而成的材料 |
| 12 | 混凝土 | 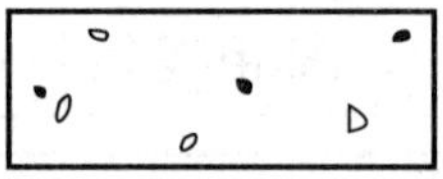  | ① 本图例指能承重的混凝土及钢筋混凝土；② 包括各种强度等级、骨料、添加剂的混凝土；③ 在剖面图上画出钢筋时，不画图例线；④ 断面图形小，不易画出图例线时，可涂黑 |
| 13 | 钢筋混凝土 | 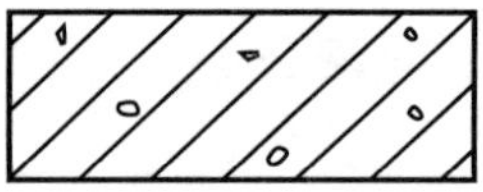  |  |
| 14 | 多孔材料 |   | 包括水泥珍珠岩、沥青珍珠岩、泡沫混凝土、非承重加气混凝土、软木、蛭石制品等 |
| 15 | 纤维材料 | 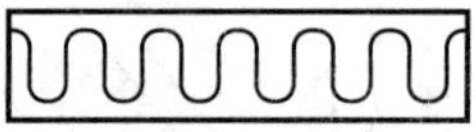  | 包括矿棉、岩棉、玻璃棉、麻丝、木丝板、纤维板等 |
| 16 | 泡沫塑料材料 | 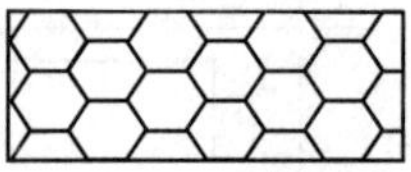  | 包括聚苯乙烯、聚乙烯、聚氨酯等多孔聚合物类材料 |
| 17 | 木材 |   | ① 上图为横断面，左上图为垫木、木砖或木龙骨；② 下图为纵断面 |
| 18 | 胶合板 |   | 应注明为 × 层胶合板 |
| 19 | 石膏板 | 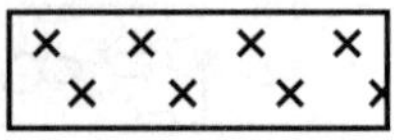  | 包括圆孔、方孔石膏板、防水石膏板、硅钙板、防火板等 |

续表

| 序号 | 名称 | 图例 | 备注 |
|---|---|---|---|
| 20 | 金属 | | ①包括各种金属；<br>②图形小时，可涂黑 |
| 21 | 网状材料 | | ①包括金属、塑料网状材料；<br>②应注明具体材料名称 |
| 22 | 液体 | | 应注明具体液体名称 |
| 23 | 玻璃 | | 包括平板玻璃、磨砂玻璃、夹丝玻璃、钢化玻璃、中空玻璃、夹层玻璃、镀膜玻璃等 |
| 24 | 橡胶 | | — |
| 25 | 塑料 | | 包括各种软、硬塑料及有机玻璃等 |
| 26 | 防水材料 | | 构造层次多或比例大时，采用上图例 |
| 27 | 粉刷 | | 本图例采用较稀的点 |

注：序号 1、2、5、7、8、13、14、16、17、18 图例中的斜线、短斜线、交叉斜线等均为 45°。

## 2. 常用构件代号

常用构件代号，详见表 2-2。

**常用构件代号** **表 2-2**

| 名称 | 代号 | 名称 | 代号 |
|---|---|---|---|
| 板 | B | 槽形板 | CB |
| 屋面板 | WB | 折板 | ZB |
| 空心板 | KB | 密肋板 | MB |

续表

| 名称 | 代号 | 名称 | 代号 |
|---|---|---|---|
| 楼梯板 | TB | 框架 | KJ |
| 盖板或沟盖板 | GB | 刚架 | GJ |
| 挡雨板或檐口板 | YB | 支架 | ZJ |
| 吊车安全走道板 | DB | 柱 | Z |
| 墙板 | QB | 框架柱 | KZ |
| 天沟板 | TGB | 构造柱 | GZ |
| 梁 | L | 承台 | CT |
| 屋面梁 | WL | 设备基础 | SJ |
| 吊车梁 | DL | 桩 | ZH |
| 单轨吊车梁 | DDL | 挡土墙 | DQ |
| 轨道连接 | DGL | 地沟 | DG |
| 车挡 | CD | 柱间支撑 | ZC |
| 圈梁 | QL | 垂直支撑 | CC |
| 过梁 | GL | 水平支撑 | SC |
| 连系梁 | LL | 梯 | T |
| 基础梁 | JL | 雨篷 | YP |
| 楼梯梁 | TL | 阳台 | YT |
| 框架梁 | KL | 梁垫 | LD |
| 框支梁 | KZL | 预埋件 | M— |
| 屋面框架梁 | WKL | 天窗端壁 | TD |
| 檩条 | LT | 钢筋网 | W |
| 屋架 | WJ | 钢筋骨架 | G |
| 托架 | TJ | 基础 | J |
| 天窗架 | CJ | 暗柱 | AZ |

注：1. 预制混凝土构件、现浇混凝土构件、刚构件和木构件，一般可以采用本表中的构件代号。在绘图中，除混凝土构件可以不注明材料代号外，其他材料的构件可在构件代号前加注材料代号，并在图纸中加以说明。

2. 预应力混凝土构件的代号，应在构件代号前加注“Y”，如 Y-DL 表示预应力混凝土吊车梁。

## 3. 普通钢筋的表示方法

普通钢筋的表示方法，详见表 2-3。

一般钢筋的表示方法　　表 2-3

| 序号 | 名称 | 图例 | 说明 |
| --- | --- | --- | --- |
| 1 | 钢筋横断面 | | — |
| 2 | 无弯钩的钢筋端部 |  | 下图表示长、短钢筋投影重叠时，短钢筋的端部用 45° 斜划线表示 |
| 3 | 带半圆弯钩的钢筋端部 | | — |
| 4 | 带直钩的钢筋端部 | | — |
| 5 | 带丝扣的钢筋端部 |  | — |
| 6 | 无弯钩的钢筋搭接 | | — |
| 7 | 带半圆弯钩的钢筋搭接 | | — |
| 8 | 带直钩的钢筋搭接 | | — |
| 9 | 花篮螺丝钢筋接头 | 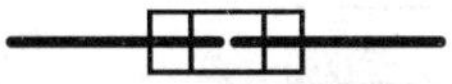 | — |
| 10 | 机械连接的钢筋接头 |  | 用文字说明机械连接的方式（如冷挤压或直螺纹） |

## 4. 常用建筑构造及配件图例

常用建筑构造及配件图例，详见表 2-4。

常用建筑构造及配件图例　　表 2-4

| 序号 | 名称 | 图例 | 说明 |
| --- | --- | --- | --- |
| 1 | 墙体 | 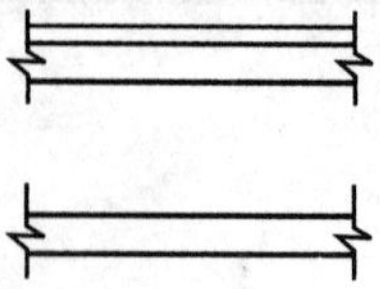  | ① 上图为外墙，下图为内墙；<br>② 外墙细线表示有保温层或有幕墙；<br>③ 应加注文字或涂色或图案填充表示各种材料的墙体；<br>④ 在各层平面图中防火墙宜着重以特殊图案填充表示 |
| 2 | 隔断 |   | ① 加注文字或涂色或图案填充表示各种材料的轻质隔断；<br>② 适用于到顶与不到顶隔断 |
| 3 | 玻璃幕墙 |   | 幕墙龙骨是否表示由项目设计决定 |
| 4 | 栏杆 |   | — |
| 5 | 楼梯 | 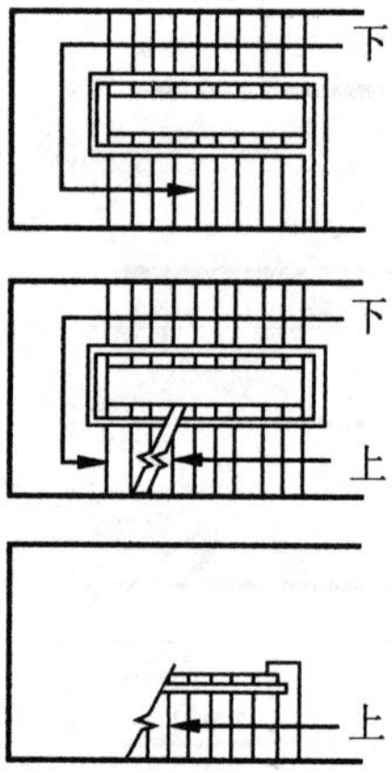 下<br>下 上<br>上 | ① 上图为顶层楼梯平面，中图为中间层楼梯平面，下图为底层楼梯平面；<br>② 需设置靠墙扶手或中间扶手时，应在图中表示 |
| 6 | 坡道 | 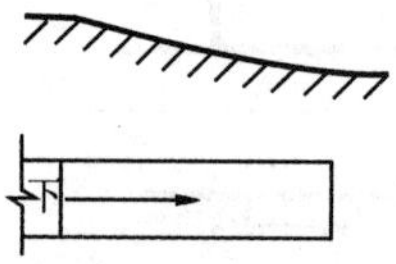 下 | 长坡道 |
|  |  | 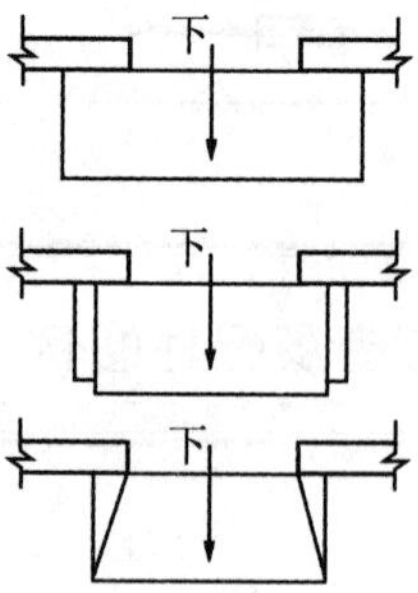 下<br>下<br>下 | 上图为两侧垂直的门口坡道，中图为有挡墙的门口坡道，下图为两侧找坡的门口坡道 |

续表

| 序号 | 名称 | 图例 | 说明 |
| --- | --- | --- | --- |
| 7 | 台阶 | 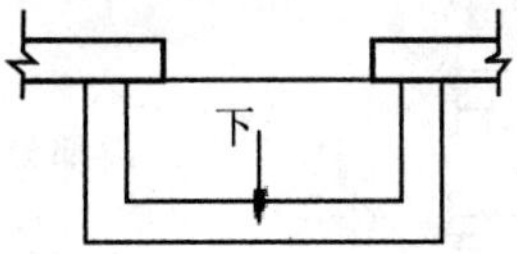 下 | — |
| 8 | 平面高差 | 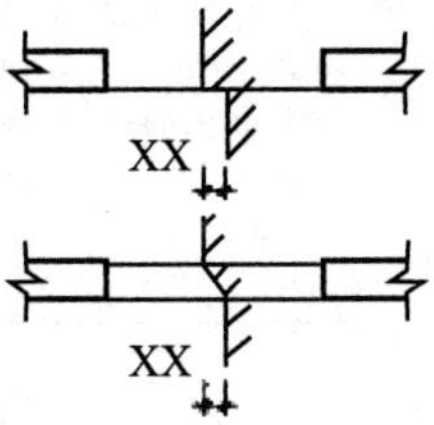 XX<br>XX | 用于高差小的地面或楼面交接处，并应与门的开启方向协调 |
| 9 | 检查口 |  | 左图为可见检查口，右图为不可见检查口 |
| 10 | 孔洞 |  | 阴影部分亦可填充灰度或涂色代替 |
| 11 | 坑槽 |  | — |
| 12 | 墙预留洞、槽 | 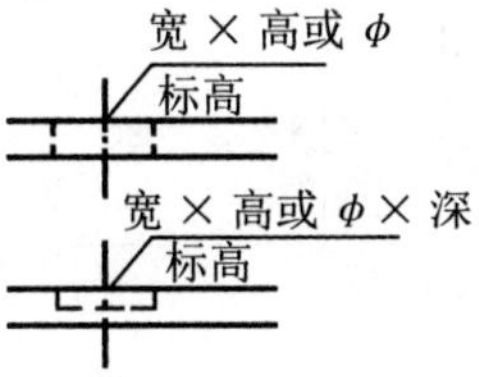 宽 × 高或 $\phi$<br>标高<br>宽 × 高或 $\phi$ × 深<br>标高 | ① 上图为预留洞，下图为预留槽；<br>② 平面以洞（槽）中心定位；<br>③ 标高以洞（槽）底或中心定位；<br>④ 宜以涂色区别墙体和预留洞（槽） |
| 13 | 地沟 | 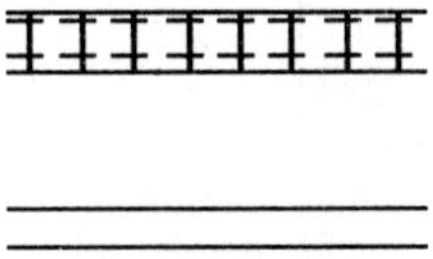  | 上图为有盖板地沟，下图为无盖板明沟 |
| 14 | 烟道 | 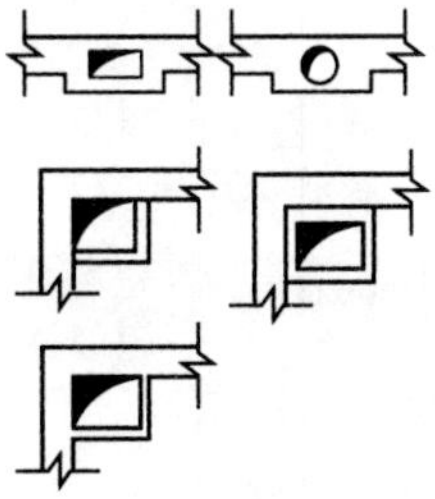  | ① 阴影部分亦可填充灰度或涂色代替；<br>② 烟道、风道与墙体为相同材料，其相接处墙身线应连通；<br>③ 烟道、风道根据需要增加不同材料的内衬 |

续表

| 序号 | 名称 | 图例 | 说明 |
|---|---|---|---|
| 15 | 风道 | 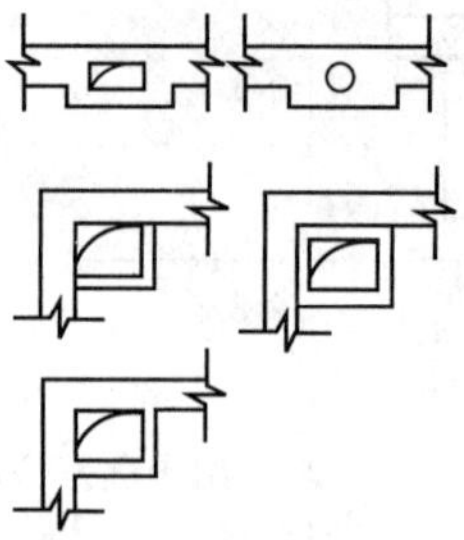 | ① 阴影部分亦可填充灰度或涂色代替；<br>② 烟道、风道与墙体为相同材料，其相接处墙身线应连通；<br>③ 烟道、风道根据需要增加不同材料的内衬 |
| 16 | 新建的墙和窗 | 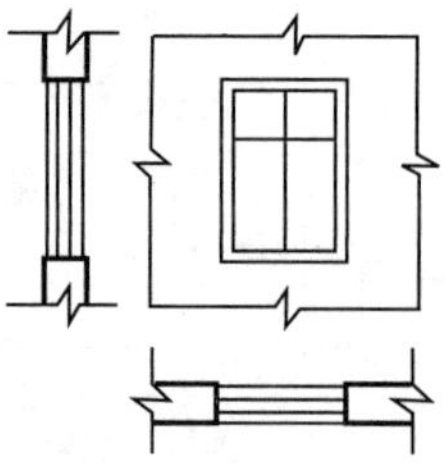 | — |
| 17 | 改建时保留的墙和窗 | 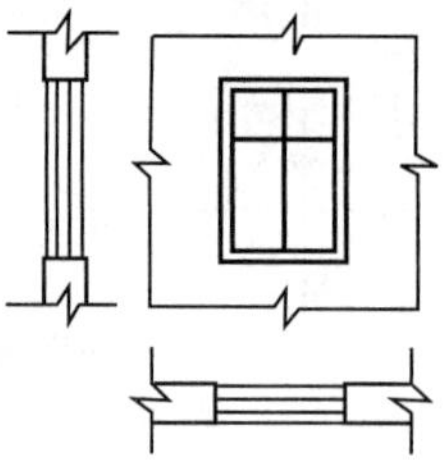 | 只更换窗，应加粗窗的轮廓线 |
| 18 | 拆除的墙 | 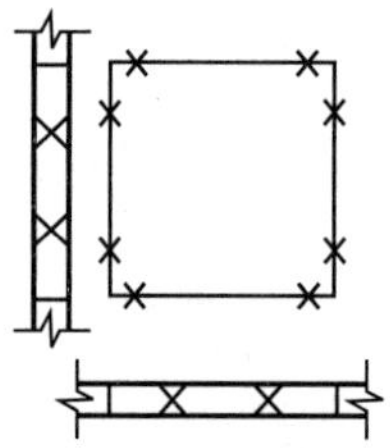 | — |
| 19 | 改建时在原有墙或楼板新开的洞 | 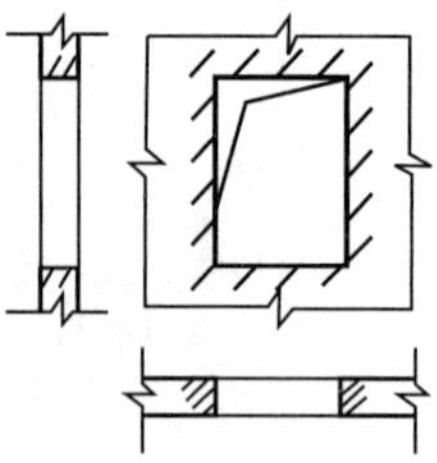 | — |

续表

| 序号 | 名称 | 图例 | 说明 |
| --- | --- | --- | --- |
| 20 | 在原有墙或楼板洞旁扩大的洞 | 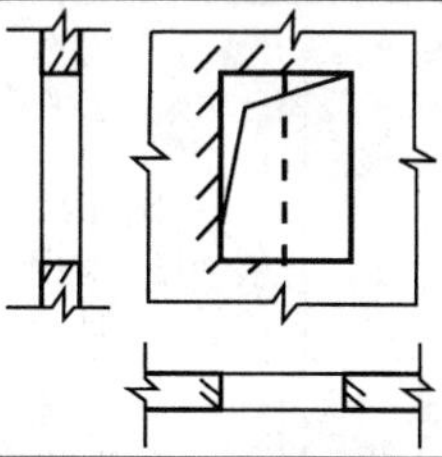 | 图示为洞口向左边扩大 |
| 21 | 在原有墙或楼板上全部填塞的洞 | 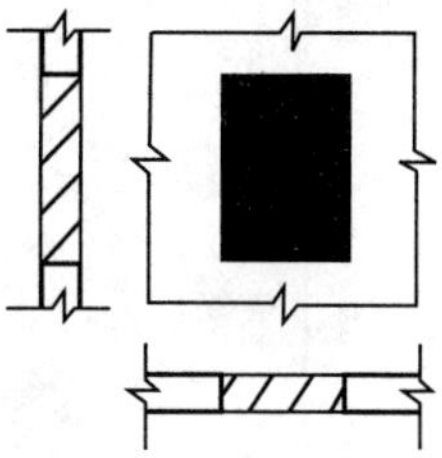 | 全部填塞的洞，图中立面填充灰度或涂色 |
| 22 | 在原有墙或楼板上局部填塞的洞 | 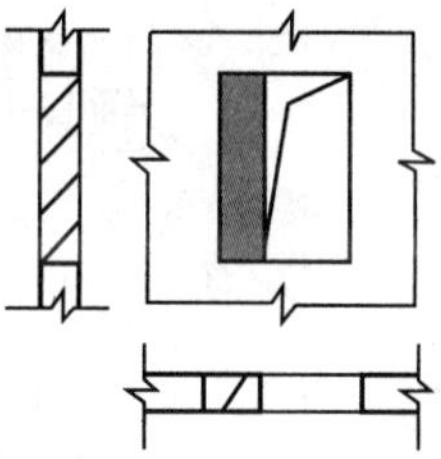 | 左侧为局部填塞的洞，图中立面填充灰度或涂色 |
| 23 | 空门洞 | 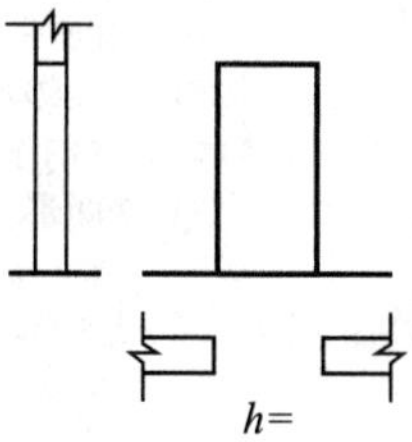 $h=$ | $h$ 为门洞高度 |
| 24 | 单面开启单扇门（包括平开或单面弹簧） | 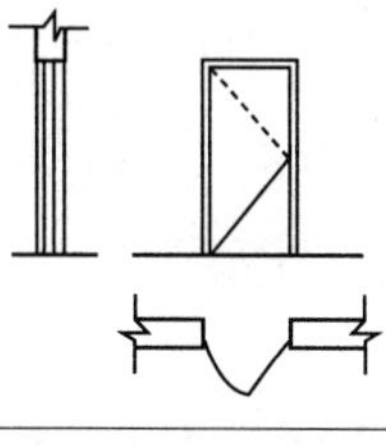 | ① 门的名称代号用 M 表示；<br>② 平面图中，下为外，上为内；<br>③ 门开启线为 90°、60° 或 45°，开启弧线宜绘出；<br>④ 立面图中，开启线实线为外开，虚线为内开。开启线交角的一侧为安装合页一侧。开启线在建筑立面图中可不表示，在立面大样图中可根据需要绘出；<br>⑤ 剖面图中，左为外，右为内； |
| | 双面开启单扇门（包括双面平开或双面弹簧） | 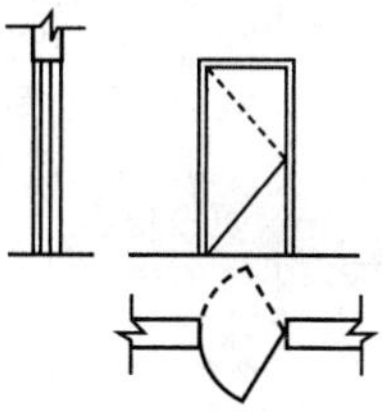 | |

续表

<table>
<tr><th>序号</th><th>名称</th><th>图例</th><th>说明</th></tr>
<tr><td>24</td><td>双层单扇平开门</td><td> 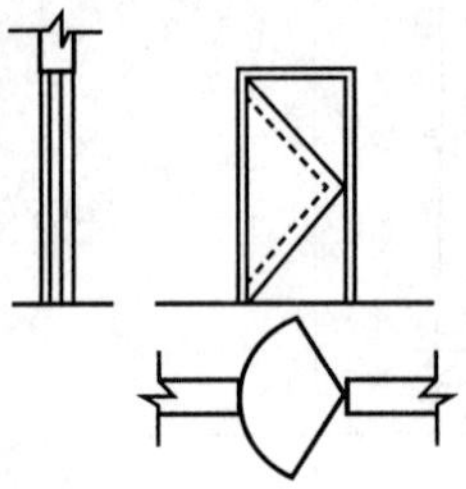</td><td>⑥ 附加纱扇应以文字说明，在平、立、剖面图中均不表示；<br>⑦ 立面形式应按实际情况绘制</td></tr>
<tr><td rowspan="3">25</td><td>单面开启双扇门（包括平开或单面弹簧）</td><td> 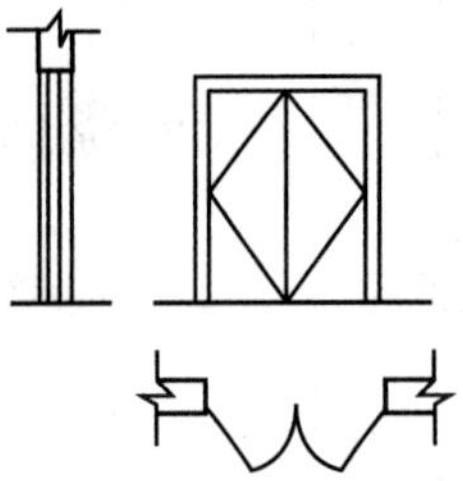</td><td rowspan="3">① 门的名称代号用 M 表示；<br>② 平面图中，下为外，上为内；<br>③ 门开启线为 90°、60° 或 45°，开启弧线宜绘出；<br>④ 立面图中，开启线实线为外开，虚线为内开，开启线交角的一侧为安装合页一侧。开启线在建筑立面图中可不表示，在立面大样图中可根据需要绘出；<br>⑤ 剖面图中，左为外，右为内；<br>⑥ 附加纱扇应以文字说明，在平、立、剖面图中均不表示；<br>⑦ 立面形式应按实际情况绘制</td></tr>
<tr><td>双面开启双扇门（包括双面平开或双面弹簧）</td><td> 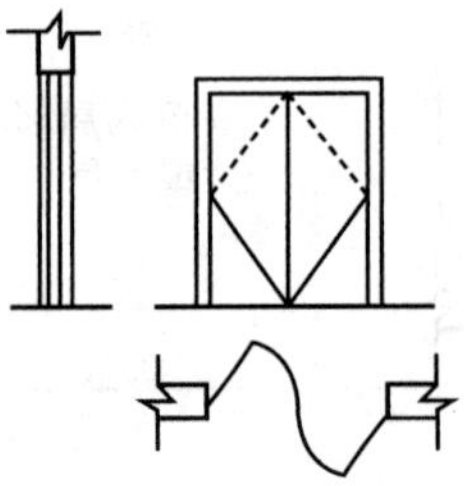</td></tr>
<tr><td>双层双扇平开门</td><td> 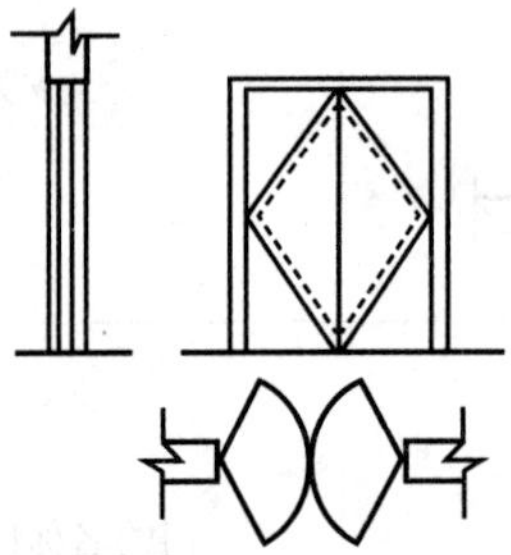</td></tr>
<tr><td>26</td><td>折叠门</td><td> 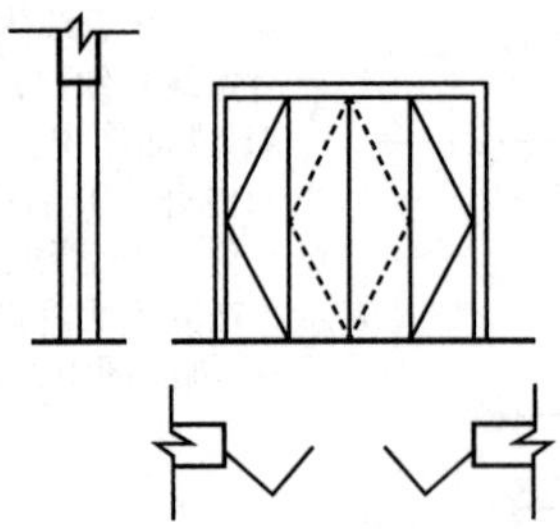</td><td>① 门的名称代号用 M 表示；<br>② 平面图中，下为外，上为内；<br>③ 立面图中，开启线实线为外开，虚线为内开，开启线交角的一侧为安装合页一侧；</td></tr>
</table>

续表

| 序号 | 名称 | 图例 | 说明 |
| --- | --- | --- | --- |
| 26 | 推拉折叠门 | 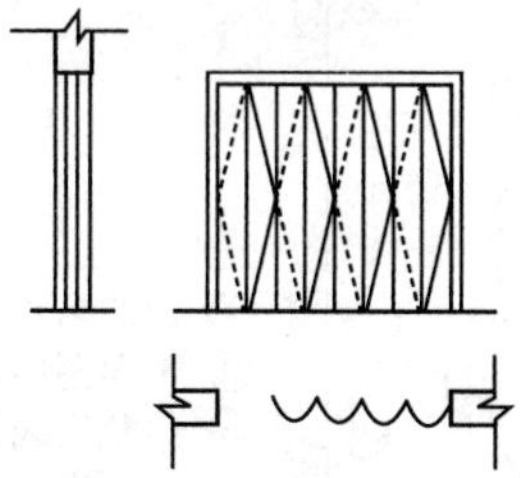 | ④ 剖面图中，左为外，右为内；<br>⑤ 立面形式应按实际情况绘制 |
| 27 | 墙洞外单扇推拉门 | 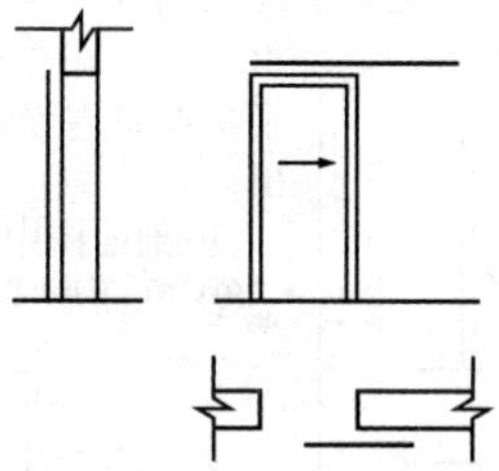 | ① 门的名称代号用 M 表示；<br>② 平面图中，下为外，上为内；<br>③ 剖面图中，左为外，右为内；<br>④ 立面形式应按实际情况绘制 |
| | 墙洞外双扇推拉门 | 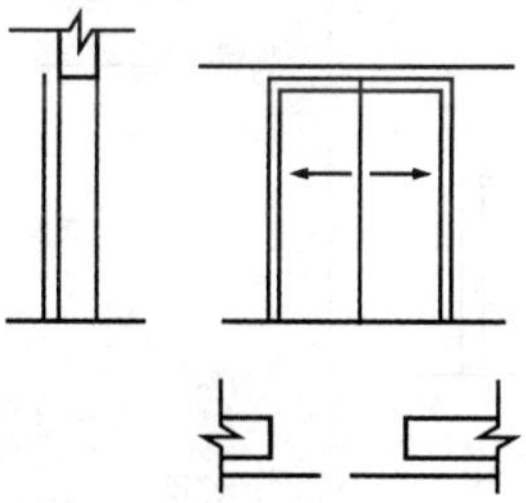 | |
| | 墙中单扇推拉门 | 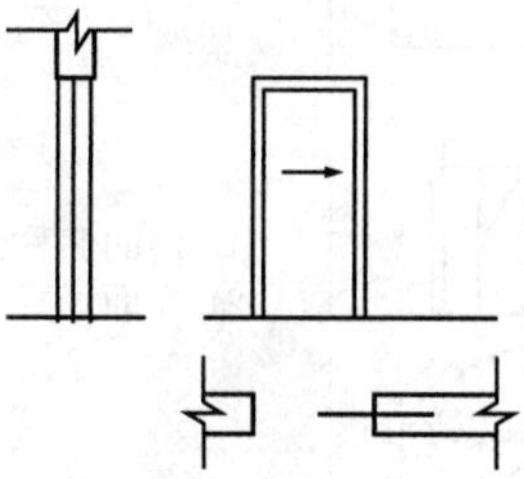 | ① 门的名称代号用 M 表示；<br>② 立面形式应按实际情况绘制 |
| | 墙中双扇推拉门 | 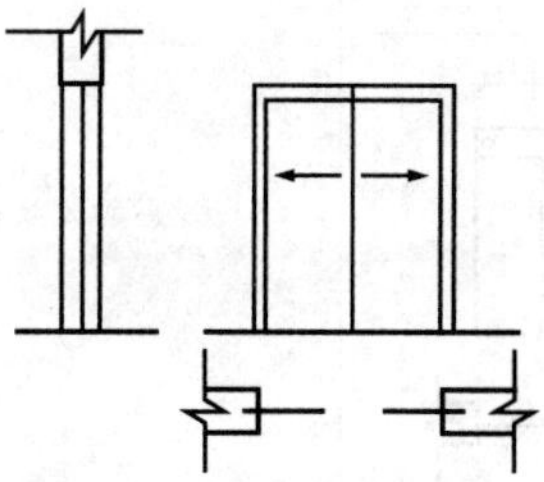 | |

续表

| 序号 | 名称 | 图例 | 说明 |
|---|---|---|---|
| 28 | 推杠门 | 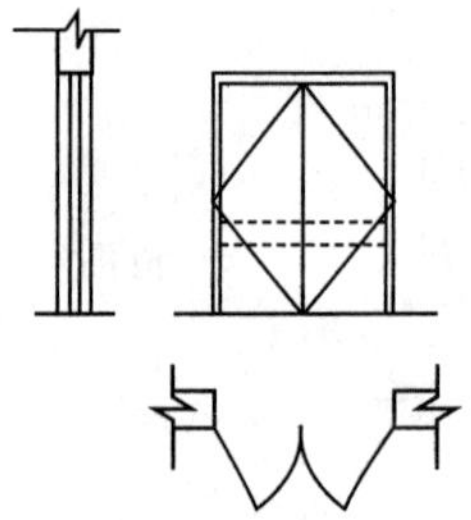 | ① 门的名称代号用M表示；<br>② 平面图中，下为外，上为内；<br>③ 门开启线为90°、60°或45°；<br>④ 立面图中，开启线实线为外开，虚线为内开，开启线交角的一侧为安装合页一侧。开启线在建筑立面图中可不表示，在室内设计门窗立面大样图中需绘出；<br>⑤ 剖面图中，左为外，右为内；<br>⑥ 立面形式应按实际情况绘制 |
| 29 | 门连窗 | 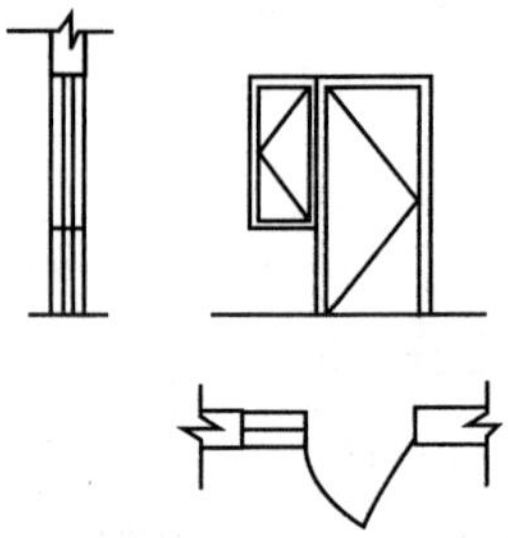 | |
| 30 | 旋转门 | 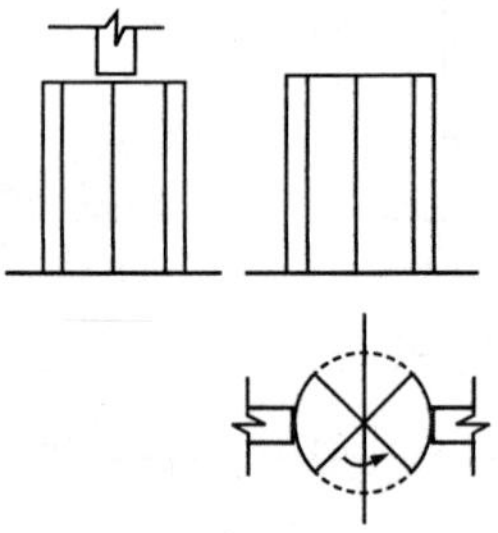 | ① 门的名称代号用M表示；<br>② 立面形式应按实际情况绘制 |
| | 两翼智能旋转门 | 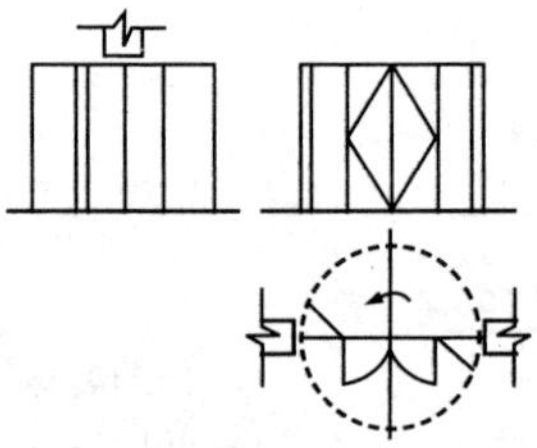 | |
| 31 | 自动门 | 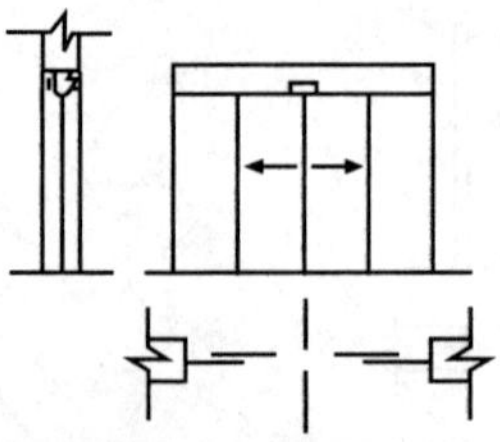 | |

续表

| 序号 | 名称 | 图例 | 说明 |
|---|---|---|---|
| 32 | 折叠上翻门 | 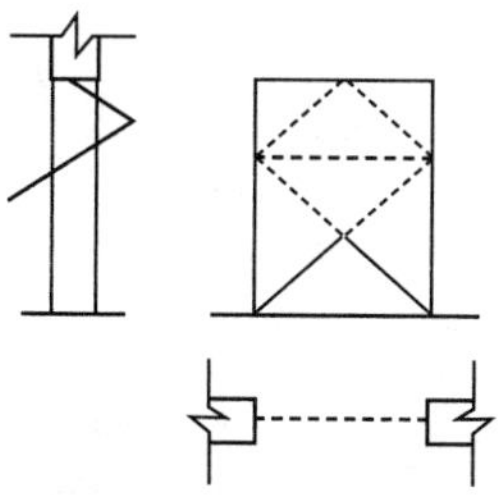 | ① 门的名称代号用 M 表示；<br>② 平面图中，下为外，上为内；<br>③ 剖面图中，左为外，右为内；<br>④ 立面形式应按实际情况绘制 |
| 33 | 提升门 | 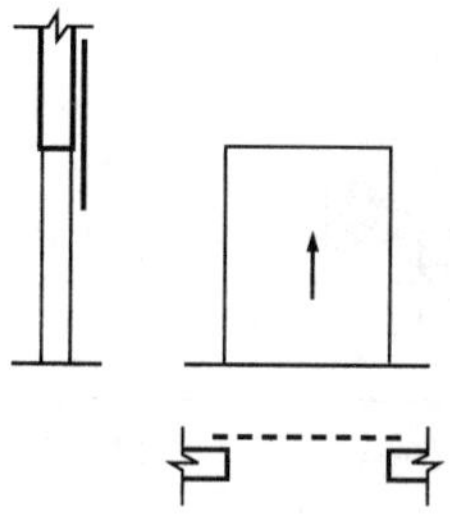 | ① 门的名称代号用 M 表示；<br>② 立面形式应按实际情况绘制 |
| 34 | 分节提升门 | 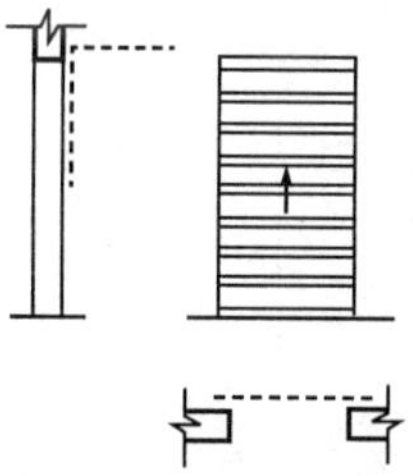 | |
| 35 | 人防单扇防护密闭门 | 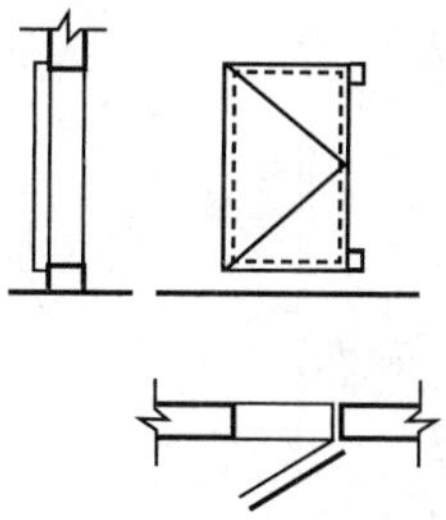 | ① 门的名称代号按人防要求表示；<br>② 立面形式应按实际情况绘制 |
| | 人防单扇密闭门 | 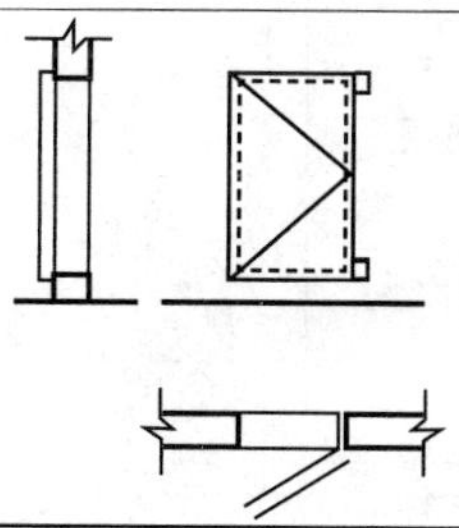 | |

续表

| 序号 | 名称 | 图例 | 说明 |
|---|---|---|---|
| 36 | 人防双扇防护密闭门 | 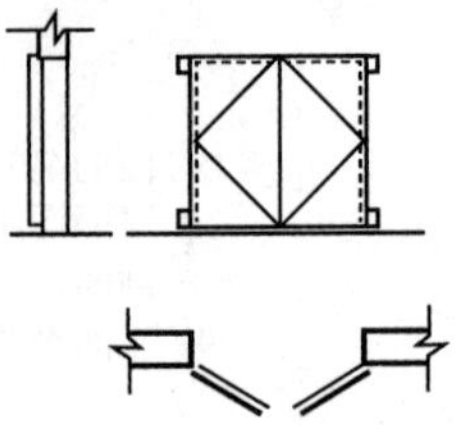  | ① 门的名称代号按人防要求表示；<br>② 立面形式应按实际情况绘制 |
|  | 人防双扇密闭门 | 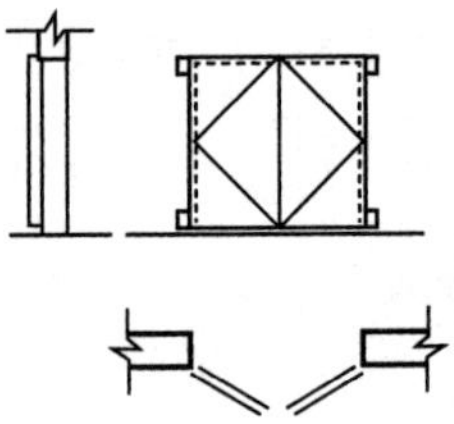  |  |
| 37 | 横向卷帘门 | 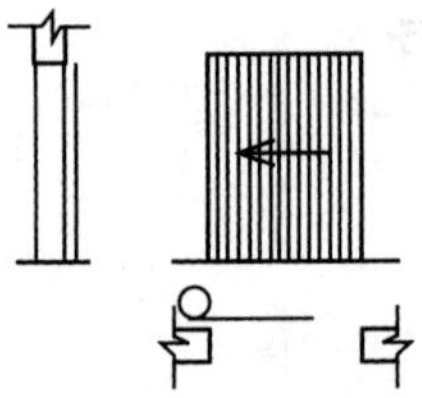  | — |
|  | 竖向卷帘门 | 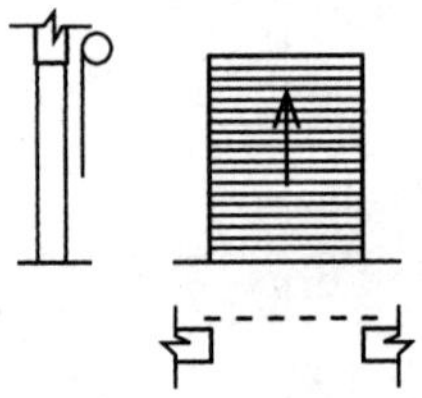  |  |
|  | 单侧双层卷帘门 | 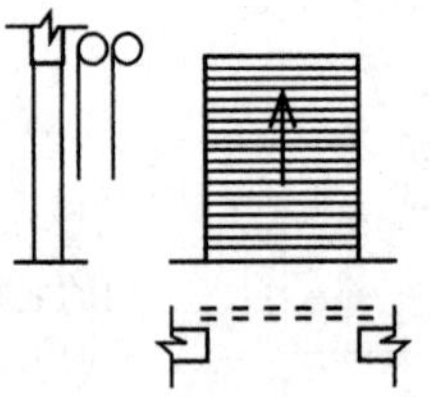  |  |
|  | 双侧单层卷帘门 | 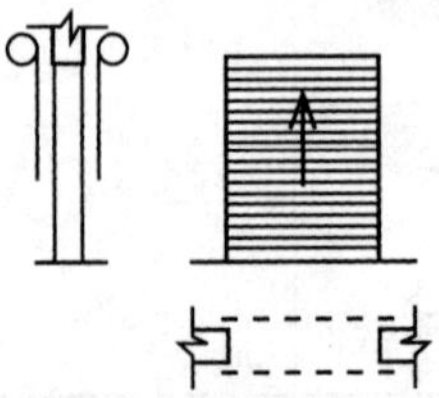  |  |

续表

| 序号 | 名称 | 图例 | 说明 |
| --- | --- | --- | --- |
| 38 | 固定窗 | 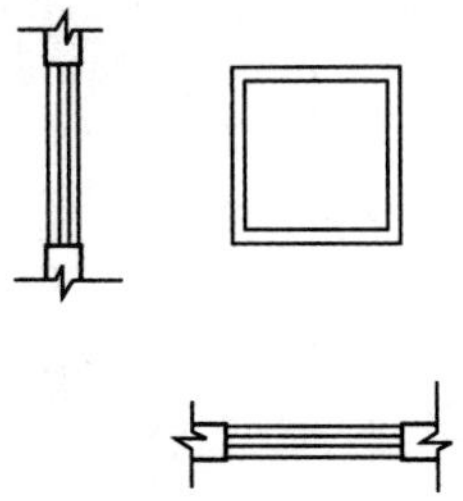 | ① 窗的名称代号用C表示；<br>② 平面图中，下为外，上为内；<br>③ 立面图中，开启线实线为外开，虚线为内开，开启线交角的一侧为安装合页一侧。开启线在建筑立面图中可不表示，在门窗立面大样图中需绘出；<br>④ 剖面图中，左为外，右为内。虚线仅表示开启方向，项目设计不表示；<br>⑤ 附加纱窗应以文字说明，在平、立、剖面图中均不表示；<br>⑥ 立面形式应按实际情况绘制 |
| 39 | 上悬窗 | | |
| | 中悬窗 | | |
| 40 | 下悬窗 | | |
| 41 | 立转窗 | | |

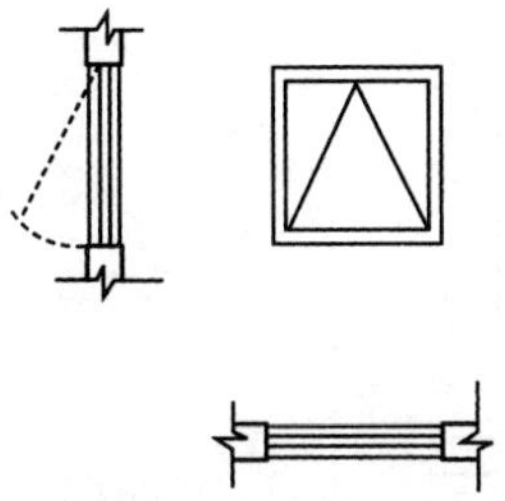

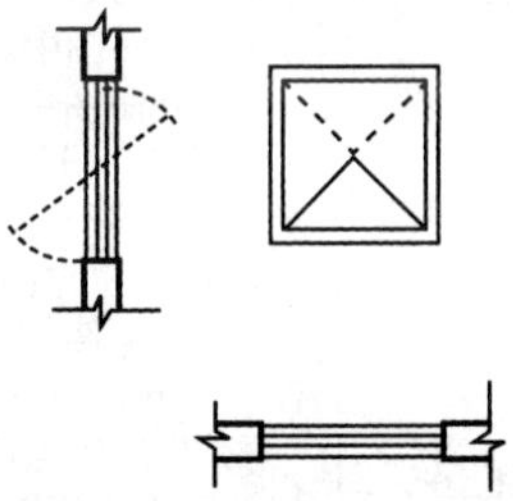

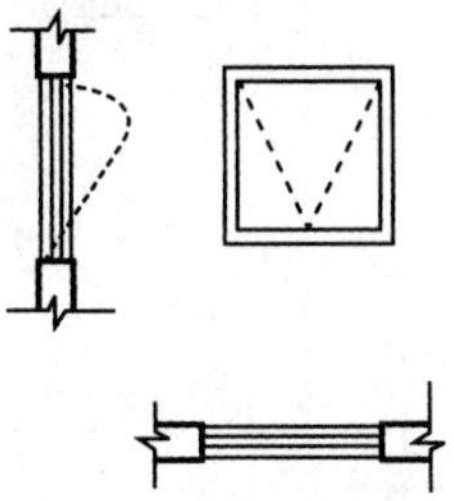

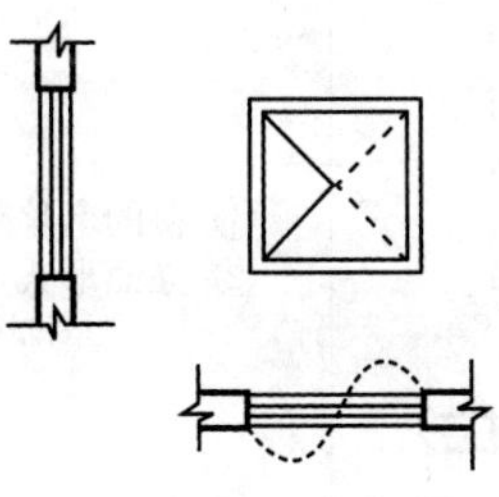

续表

| 序号 | 名称 | 图例 | 说明 |
| --- | --- | --- | --- |
| 42 | 内开平开内倾窗 | 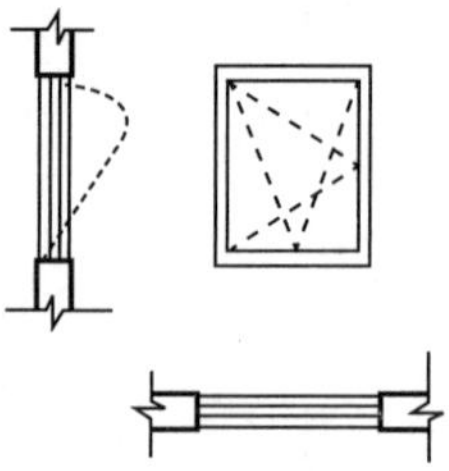 | |
| 43 | 单层外开平开窗 | 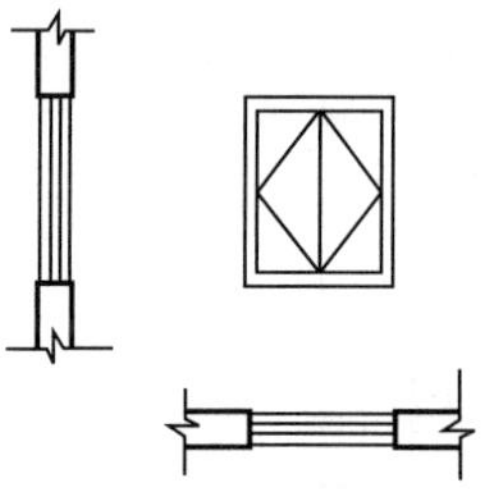 | ① 窗的名称代号用 C 表示；<br>② 平面图中，下为外，上为内；<br>③ 立面图中，开启线实线为外开，虚线为内开，开启线交角的一侧为安装合页一侧。开启线在建筑立面图中可不表示，在门窗立面大样图中需绘出；<br>④ 剖面图中，左为外，右为内。虚线仅表示开启方向，项目设计不表示；<br>⑤ 附加纱窗应以文字说明，在平、立、剖面图中均不表示；<br>⑥ 立面形式应按实际情况绘制 |
| | 单层内开平开窗 | 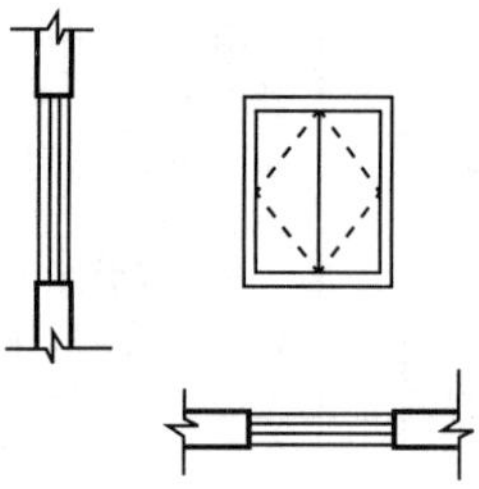 | |
| | 双层内外开平开窗 | 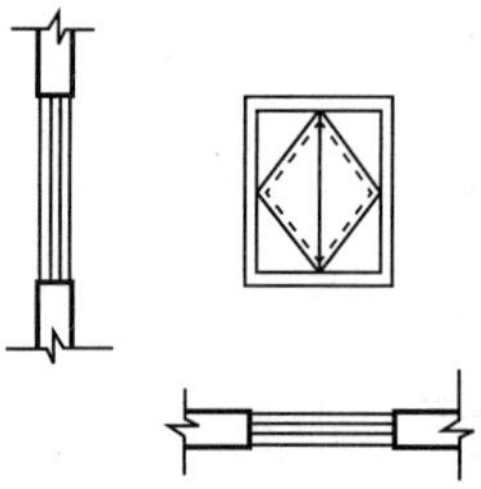 | |
| 44 | 单层推拉窗 | 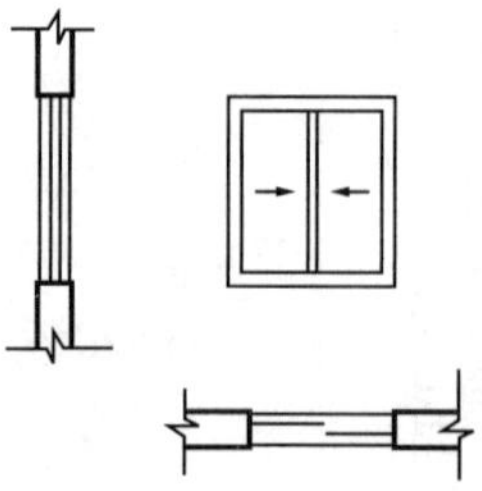 | ① 窗的名称代号用 C 表示；<br>② 立面形式应按实际情况绘制 |

续表

| 序号 | 名称 | 图例 | 说明 |
|---|---|---|---|
| 44 | 双层推拉窗 | 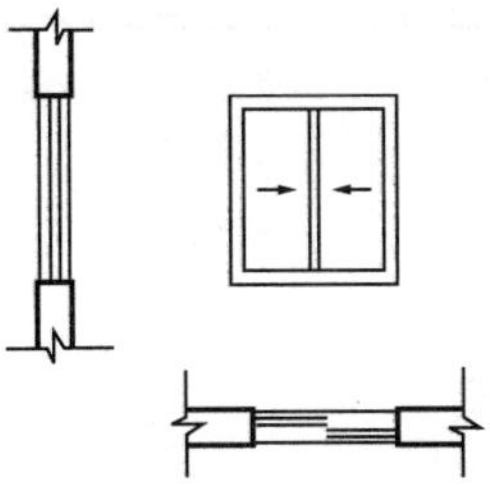 | |
| 45 | 上推窗 | 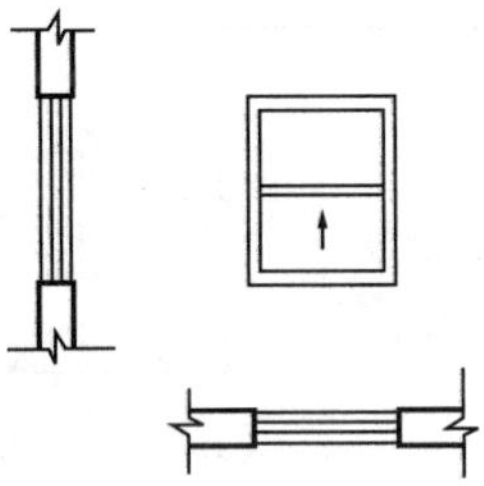 | ① 窗的名称代号用 C 表示；<br>② 立面形式应按实际情况绘制 |
| 46 | 百叶窗 | 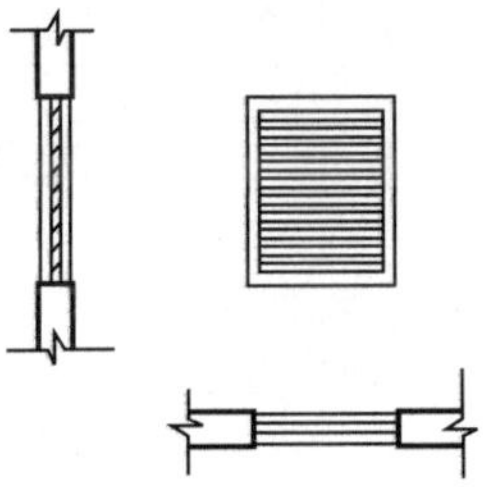 | |
| 47 | 高窗 | 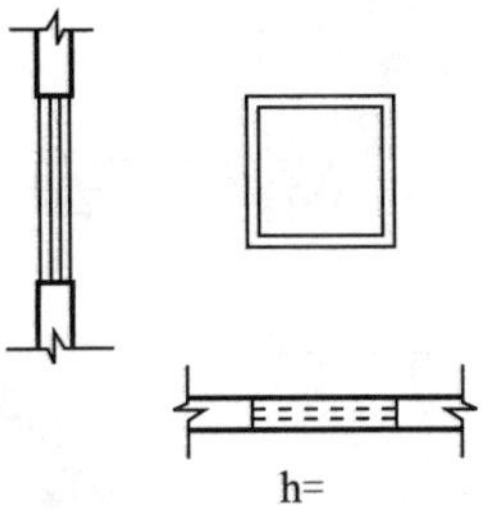 h= | ① 窗的名称代号用 C 表示；<br>② 立面图中，开启线实线为外开，虚线为内开，开启线交角的一侧为安装合页一侧。开启线在建筑立面图中可不表示，在门窗立面大样图中需绘出；<br>③ 剖面图中，左为外，右为内；<br>④ 立面形式应按实际情况绘制；<br>⑤ $h$ 表示高窗底距本层地面高度；<br>⑥ 高窗开启方式参考其他窗型 |
| 48 | 平推窗 | 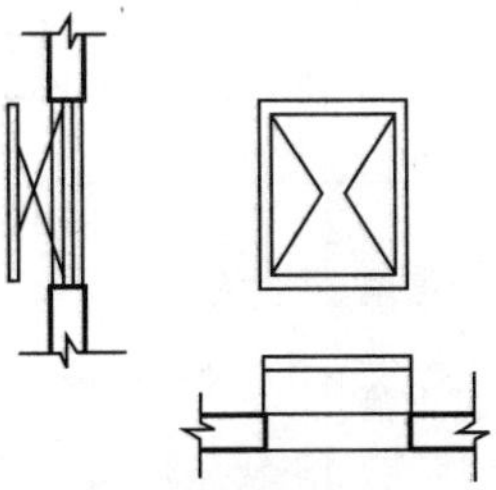 | ① 窗的名称代号用 C 表示；<br>② 立面形式应按实际情况绘制 |

## 5. 施工图中钢筋的画法

施工图中钢筋的画法，详见表 2-5。

钢筋画法 表 2-5

| 序号 | 说明 | 图例 |
|---|---|---|
| 1 | 在结构楼板中配置双层钢筋时，底层钢筋的弯钩应向上或向左，顶层钢筋的弯钩则向下或向右 | 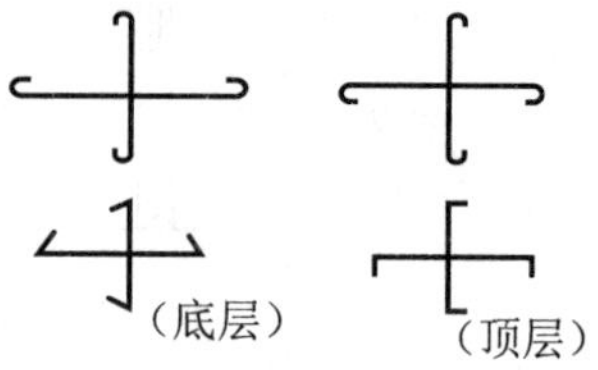 （底层）（顶层） |
| 2 | 钢筋混凝土墙体配双层钢筋时，在配筋立面图中，远面钢筋的弯钩应向上或向左而近面钢筋的弯钩向下或向右（JM 近面，YM 远面） | 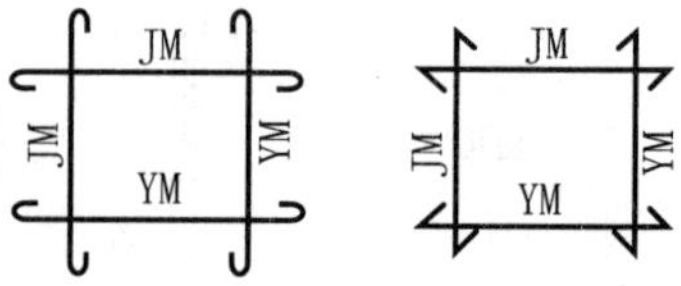 JM YM JM YM；JM YM JM YM |
| 3 | 若在断面图中不能表达清楚钢筋布置，应在断面图外增加钢筋大样图（如钢筋混凝土墙，楼梯等） | 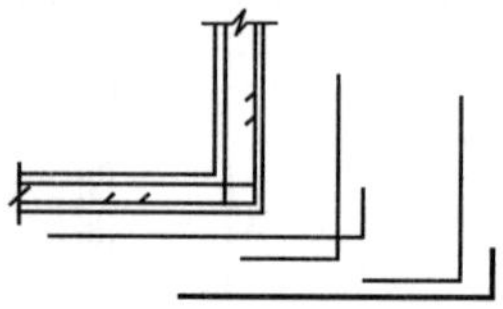 |
| 4 | 图中所表示的箍筋、环筋等若布置复杂时，可加画钢筋大样及说明 | 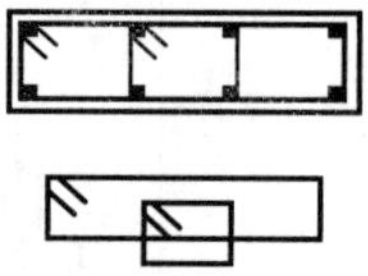 |
| 5 | 每组相同的钢筋、箍筋或环筋，可用一根粗实线表示，同时用一两端带斜短划线的横穿细线，表示其钢筋及起止范围 | 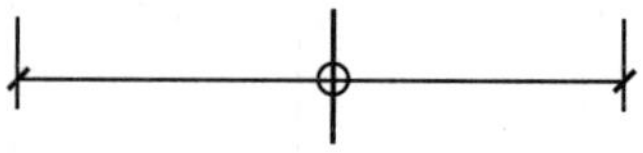 |

# 第二节 民用房屋的建筑组成

## 1. 地基与基础

基础是建筑物的地下部分，是墙、柱等上部结构在地下的延伸。基础是建筑物的一个组成部分。地基是指基础以下的土层，承受由基础传来的整个建筑物的荷载，地基不是建筑物的组成部分。

## 2. 墙与框架结构

在一般砌体结构房屋中，墙体是主要的承重构件。墙体的重量占建筑物总重量的 40% ～ 45%，墙的造价占全部建筑造价的 30% ～ 40%。在其他类型的建筑中，墙体可能是承重构件，也可能是围护构件，但它所占的造价比重也较大。

### （1）墙

墙在建筑物中主要起承重、围护及分隔作用，按墙在建筑物中的位置、受力情况、所用材料和构造方式不同可分成不同类型。

承重墙体是指承担各种作用并可兼作维护结构的墙体。自承重墙体是指其承担自身重力作用并可作维护结构的墙体。

墙体既是砌体结构房屋中的主要承重构件，又是房屋围护结构，因此墙体材料的选用必须同时考虑结构和建筑两方面的要求，而且还应符合因地制宜、就地取材的原则。

### （2）框架结构

由柱、纵梁、横梁组成的框架来支承屋顶与楼板荷载的结构，叫做框架结构。由框架、墙板和楼板组成的建筑叫做框架板材建筑。框架结构的基本特征是由柱、梁和楼板承重，墙板仅作为围护和分隔空间的构件。框架之间的墙叫做填充墙，不承重。由轻质墙板作为围护与分隔构件的叫做框架轻板建筑。

框架建筑的主要优点是空间分隔灵活，自重轻，有利于抗震，节省材料；其缺点是钢材和水泥用量较大，构件的总数量多，吊装次数多，接头工作量大，工序多。

框架建筑适合于要求具有较大空间的多、高层民用建筑、多层工业厂房，地基较软弱的建筑和地震区的建筑。

## 3. 楼板与地面

楼板是多层建筑中沿水平方向分隔上下空间的结构构件。它除了承受并传递垂直荷载和水平荷载外，还应具有一定程度的隔声、防火、防水等能力。同时，建筑物中的各种水平设备管线，也将在楼板内安装。它主要有楼板结构层、楼面面层、板底、顶棚几个组成部分。

地面是指建筑物底层与土壤相接触的水平结构部分，它承受着地面上的荷载并均匀地传给地基。

## 4. 装配式混凝土结构

主体结构部分或全部采用预制混凝土构件装配而成的钢筋混凝土结构，简称装配式结构。装配式钢筋混凝土结构的连接节点钢筋采用胶锚连接、浆锚连接、间接搭接、机械连接、焊接连接或其他连接方式，通过后浇混凝土或灌浆使预制构件具有可靠传力和承载要求的混凝土结构，简称装配整体式结构。混凝土结构全部或部分采用预制柱或叠合梁、叠合板等构件，通过节点部位的后浇混凝土或叠合方式形成的具有可靠传力机制，并满足承载力和变形要求的框架结构，简称装配整体式框架结构。

梁、柱、墙、楼板等结构构件是构成结构骨架的主要承重构件。在工厂或现场预制的混凝土构件，包括柱、墙板、飘窗板、叠合梁、叠合板、楼梯、阳台等。

## 5. 阳台与雨篷

### (1) 阳台

阳台是楼房中人们与室外接触的场所。阳台主要由阳台板和栏杆扶手组成。阳台板是承重结构，栏杆扶手是围护安全的构件。阳台按其与外墙的相对位置分为挑阳台、凹阳台、半凹半凸阳台、转角阳台。

### (2) 雨篷

雨篷是设置在建筑物外墙出入口的前方用以挡雨并有一定装饰作用的水平构件。雨篷的支承方式多为悬挑式。其悬挑长度一般为 0.9 ～ 1.5m。按结构形式不同，雨篷有板式和梁板式两种。板式雨篷多做成变截面形式，一般板根部厚度不小于 70mm，板端部厚度不小于 50mm。梁板式雨篷为使其底面平整，常采用反梁形式。当雨篷外伸尺寸较大时，其支承方式可采用立柱式，即在入口两侧设柱支承雨篷，形成门廊，立柱式雨篷的结构形式多为梁板式。

雨篷顶面应做好防水和排水处理。通常采用刚性防水层，即在雨篷顶面用防水砂浆抹面；当雨篷面积较大时，也可采用柔性防水。雨篷表面的排水有两种，一种是无组织排水：雨水经雨篷边缘自由泻落，或雨水经滴水管直接排至地表；另一种是有组织排水：雨篷表面集水经地漏、雨水管有组织地排至地下。为保证雨篷排水通畅，雨篷上表面向外侧或向滴水管处或向地漏处应做有 1% 的排水坡度。

## 6. 楼梯

建筑空间的竖向组合交通联系，是依靠楼梯、电梯、自动扶梯、台阶、坡道以及爬梯等竖向交通设施。其中，楼梯作为竖向交通和人员紧急疏散的主要交通设施，使用最为广泛。

楼梯的宽度、坡度和踏步级数都应满足人们通行和搬运家具、设备的要求。楼梯的数量，取决于建筑物的平面布置、用途、大小及人流的多少。楼梯应设在明显易找和通行方便的地方，以便在紧急情况下能迅速安全地疏散到室外。

## 7. 门与窗

门和窗是建筑物中的围护构件。门在建筑中的作用主要是交通联系，并兼有采光、通风之用；窗的作用主要是采光和通风。门窗的形状、尺寸、排列组合以及材料，对建筑物的立面效果影响很大。门窗还要有一定的保温、隔声、防雨、防风沙等能力，在构造上，应满足开启灵活、关闭紧密、坚固耐久、便于擦洗、符合模数等方面的要求。

## 8. 屋面

屋面工程是单位工程中的一个分项工程，是由防水、保温、隔热等构造层所组成房屋顶部的设计和施工。

屋面主要由找坡层、找平层、隔汽层、保温层、隔热层、防水层、保护层、隔离层等几个部分组成。屋面类型不同，具体组成也不同。

隔汽层是指阻止室内水蒸气渗透到保温层内的构造层。

保温层是指减少屋面热交换作用的构造层。

防水层是指能够隔绝水而不使水向建筑物内部渗透的构造层。

隔离层是指消除相隔两种材料之间粘结力、机械咬合力、化学反应等不利影响的构造层。

保护层是指对防水层或保温层起保护作用的构造层。

隔热层是指减少太阳辐射热向室内传递的构造层。

## 9. 装饰

建筑主体工程构成了建筑物的骨架，装饰后的建筑物则能够完善建筑设计的构想，甚至弥补某些不足，使建筑物最终以丰富、完美的面貌呈现在人们面前。

# 第三章 混凝土的组成材料

## 第一节 混凝土的特点及组成

### 1. 混凝土的特点

混凝土是由水泥、水、粗细骨料按一定的比例配合拌制而成的混合料，经硬化后形成的人造石材，是广泛应用于土木建筑工程中的主要建筑材料。

混凝土具有很多的优点，如：

1）强度高。混凝土的抗压强度高，但抗拉强度较低。

2）刚性好。承受设计荷载时，变形和挠度很小。

3）整体性强。混凝土和钢筋混凝土连续浇灌，使建筑物成为整体，有良好的抗震能力。

4）耐久性好。对机械作用、天然的风化和化学侵蚀作用的抵抗力强，在环境适宜时强度不但不衰减，反而有所增长。

5）可模性好。利用模板可浇灌成各种不同形状和大小的构件。

6）耐火性能好。混凝土是不良导热体，防火性较好。

7）保养费用小。

由于混凝土具有上述各种优点，故广泛应用于建筑工程、水工结构物、道路路面等。

## 2. 混凝土的组成

### (1) 水泥

水泥是一种无机水硬性胶凝材料。它与水拌合而成的浆体既能在空气中硬化，又能在水中硬化，将骨料牢固地粘聚在一起，形成整体，产生强度。因此水泥是混凝土的重要组成部分。

1）常用的水泥：硅酸盐水泥、普通硅酸盐水泥、矿渣硅酸盐水泥、火山灰硅酸盐水泥、粉煤灰硅酸盐水泥。

2）特种水泥：快硬水泥、高铝水泥、膨胀水泥、白色水泥。

### (2) 砂石

1）细骨料：粒径为 0.16 ～ 5mm 的骨料叫细骨料（图 3-1）。普通混凝土采用的细骨料是砂子。

2）粗骨料：粒径大于 5mm 的骨料称为粗骨料（图 3-2），常用的是天然卵石和人工碎石。

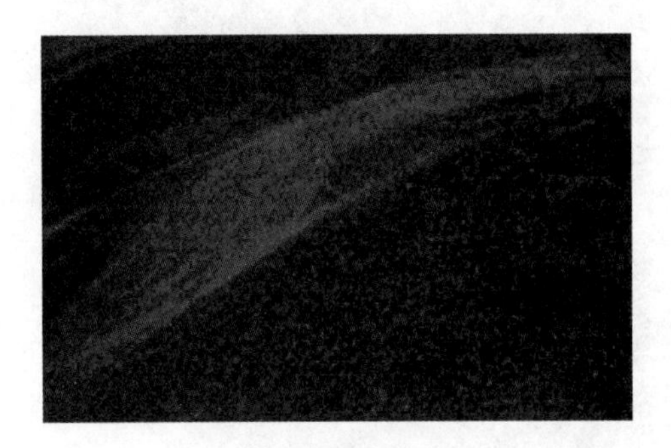

图 3-1　细骨料

图 3-2　粗骨料

### (3) 水

拌制混凝土的水应该为清洁的并且是能饮用的水，如河水、井水、自来水、湖水以及溪涧清水（图 3-3）。

图 3-3　水

不宜用于拌制混凝土的水：如工业废水、含矿物质较多的地下水、沼泽水、泥炭水以及海水。

## (4) 外加剂

外加剂（图 3-4）是指在混凝土拌合过程中掺入的，使混凝土按要求改性的物质。

图 3-4　外加剂

实践证明，在混凝土中掺入功能各异的外加剂，满足了改善混凝土的工艺性能和力学性能的要求。比如可以改善混凝土的和易性、调节凝结时间、延缓水化放热、提高早期强度、增加后期强度、提高耐久性、增加混凝土与钢筋的握裹力、防止钢筋锈蚀等。

常见的外加剂包括：早强剂、减水剂、速凝剂、缓凝剂、加气剂以及防冻剂。

# 第二节 水泥

## 1. 水泥的品种及组成成分

水泥的品种及组成成分见表 3-1。

水泥的品种及组成成分　　表 3-1

| 品种类型 | 组成成分 |
|---|---|
| 硅酸盐水泥 | 凡由硅酸盐水泥熟料、0% ～ 5% 石灰石或粒化高炉矿渣、适量石膏磨细制成的水硬性胶凝材料均称为硅酸盐水泥（国外通称为波特兰水泥）。<br>硅酸盐水泥分为两种类型：不掺石灰石或粒化高炉矿渣的称为Ⅰ型硅酸盐水泥，代号为 P.I；在粉磨时掺加不超过水泥重量 5% 的石灰石或粒化高炉矿渣混合材料的称为Ⅱ型硅酸盐水泥，代号为 P.II |
| 普通硅酸盐水泥 | 凡由硅酸盐水泥熟料、6% ～ 15% 混合材料、适量石膏磨细制成的水硬性胶凝材料均称为普通硅酸盐水泥（简称普通水泥），代号为 P.O |
| 矿渣硅酸盐水泥 | 凡由硅酸盐水泥熟料和粒化高炉矿渣、适量石膏磨细制成的水硬性胶凝材料均称为矿渣硅酸盐水泥（简称矿渣水泥），代号为 P.S。水泥中粒化高炉矿渣掺加量按质量百分比计为 20% ～ 70% |
| 火山灰质硅酸盐水泥 | 凡由硅酸盐水泥熟料和火山灰质混合材料、适量石膏磨细制成的水硬性胶凝材料均称为火山灰质硅酸盐水泥（简称火山灰水泥），代号为 P.P。水泥中火山灰质混合材料掺加量按质量百分比计为 20% ～ 50% |
| 粉煤灰硅酸盐水泥 | 凡由硅酸盐水泥熟料和粉煤灰、适量石膏磨细制成的水硬性胶凝材料均称为粉煤灰硅酸盐水泥（简称粉煤灰水泥），代号为 P.F。水泥中粉煤灰掺加量按质量百分比计为 20% ～ 40% |

## 2. 常用水泥的主要技术要求

### （1）硅酸盐水泥、普通水泥

1）不溶物。Ⅰ型硅酸盐水泥中，不溶物不得超过0.75%；Ⅱ型硅酸盐水泥中，不溶物不得超过1.50%。

2）烧失量。Ⅰ型硅酸盐水泥中，烧失量不得大于3.0%；Ⅱ型硅酸盐水泥中，烧失量不得大于3.5%。普通硅酸盐水泥的烧失量不得大于5.0%。

3）氧化镁。水泥中氧化镁的含量不宜超过5.0%。如果水泥经压蒸安定性试验合格，则水泥中氧化镁的含量允许放宽至6.0%。

4）三氧化硫。水泥中三氧化硫的含量不得超过3.5%。

5）细度。硅酸盐水泥比表面积大于300$m^2$/kg，普通硅酸盐水泥80μm方孔筛筛余不得超过10.0%。

6）凝结时间。硅酸盐水泥的初凝不得早于45min，终凝不得迟于6.5h。普通硅酸盐水泥的初凝不得早于45min，终凝不得迟于10h。

7）安定性。用沸煮法检验必须合格。

8）碱。水泥中碱含量应按现行《混凝土结构设计规范》（GB 50010—2010）的规定取值。

### （2）矿渣水泥、火山灰水泥、粉煤灰水泥

1）氧化镁。熟料中氧化镁的含量不宜超过5.0%。如果水泥经压蒸安定性试验合格，则熟料中氧化镁的含量允许放宽至6.0%。

2）三氧化硫。矿渣硅酸盐水泥中，三氧化硫的含量不得超过4.0%；火山灰质硅酸盐水泥和粉煤灰硅酸盐水泥中，三氧化硫的含量不得超过3.5%。

3）细度。80μm方孔筛筛余不得超过10.0%。

4）凝结时间。初凝不得早于45min，终凝不得迟于10h。

5）安定性。用沸煮法检验必须合格。

6）碱。这几种水泥中的碱含量应按现行《混凝土结构设计规范》（GB 50010—2010）的规定取值。

## 3. 常用水泥的特性及应用范围

### (1) 硅酸盐水泥

1）优点：强度等级高；快硬、早期强度高；耐冻性好，耐磨性和不透水性好。

2）缺点：水化热较大；抗水性差；耐腐蚀性差。

3）适用范围：适用于配制高强度等级混凝土；适用于快硬、早强的工程；道路、低温下施工的工程。

### (2) 普通硅酸盐水泥

1）优点：早期强度较高；抗冻性、耐磨性较好；低温凝结时间有所延长；抗硫酸盐侵蚀能力有所增强。

2）缺点：耐热性较差；耐水性较差；耐腐蚀性较差。

3）适用范围：适用于地上、地下及水中混凝土、钢筋混凝土及预应力钢筋混凝土结构；配制高强度等级混凝土及早期强度要求高的工程。

### (3) 矿渣硅酸盐水泥

1）优点：水化热较小；抗硫酸盐侵蚀性好；蒸汽养护有较好的效果；耐热性较好。

2）缺点：早期强度低，后期强度增长较快；耐水性较差；抗冻性较差。

3）适用范围：适用于地面、地下、水中各种混凝土结构；大体积混凝土结构；高温车间和有耐热、耐火要求的混凝土结构；有抗硫酸盐侵蚀要求的一般工程。

### (4) 火山灰质硅酸盐水泥

1）优点：抗渗性较好；水化热较小；抗硫酸盐侵蚀和耐水性较好。

2）缺点：早期强度低，后期强度增长较快；干缩性较大；抗冻、抗碳化、耐热性较差。

3）适用范围：适用于地下、水下工程、大体积混凝土工程；有抗渗要求的工程；一般工业和民用建筑。

### （5）粉煤灰硅酸盐水泥

1）优点：水化热较小；抗硫酸盐侵蚀性和耐水性较好；干缩性较小；抗裂性较好。

2）缺点：早期强度低，后期强度增长较快；抗冻、抗碳化、耐热性较差。

3）适用范围：适用于地上、地下、水中和大体积混凝土工程；一般工业和民用建筑；有抗硫酸盐侵蚀要求的一般工程。

## 4. 水泥的包装及质量检验

### （1）水泥的包装

1）水泥有袋装和散装之分，袋装水泥每袋净含量为50kg，且不得少于标志重量的98%；随机抽取20袋总重量不得少于1000kg。

2）水泥袋上应清楚标明产品名称、代号、净含量、强度等级、生产许可证编号、生产者名称和地址、出厂编号、执行标准号、包装年月日。

3）掺火山灰质混合材料的矿渣水泥还应标上“掺火山灰”的字样。包装袋两侧应印有水泥名称和强度等级。硅酸盐水泥和普通水泥的印刷一般采用红色；矿渣水泥采用绿色；火山灰水泥和粉煤灰水泥则采用黑色。

4）散装运输时应提交与袋装标志相同内容的卡片。

### （2）水泥的检验

水泥检验的具体内容见表3-2。

水泥的检验 表3-2

| 项目 | 内容 |
| --- | --- |
| 进场检验 | 水泥进场时应对其品种、级别、包装或散装仓号、出厂日期等进行检查。并应对其强度、安定性及其他必要的性能指标进行复验。<br>① 水泥不合格品判断。凡不溶物、烧失量、氧化镁、三氧化硫、初凝时间、安定性中任一项不符合标准规定时，均为废品。凡细度、终凝时间中的任一项不符合标准规定或混合材料掺加量超过最大限量和强度低于商品强度等级的指标时为不合格品。水泥包装标志中水泥品种、强度等级、生产者名称和出厂编号不全的也属于不合格品。<br>② 当在使用中对水泥质量产生怀疑或水泥出厂超过三个月（快硬硅酸盐水泥超过一个月）时，应进行复验，并按复验结果使用 |
| 检查数量 | 按同一生产厂家、同一等级、同一品种、同一批号且连续进场的水泥，袋装不超过200t为一批，散装不超过500t为一批，每批抽样不少于一次 |
| 取样方法 | 从进场水泥中，20个以上不同部位取等量样品，总量至少12kg |
| 标准稠度用水量 | 标准稠度用水量检验测定可采用标准法或代用法，当两种方法结果有矛盾时，以标准法为准 |
| 凝结时间 | 初凝时间测定采用有效长度为（50±1）mm、直径为（1.13±0.05）mm的圆柱体钢制试针。从水泥全部加入水中起至试针沉至距试模底板（4±1）mm时（此时水泥达到初凝状态）的时间为水泥的初凝时间；试体初凝后，取试模下的玻璃板，翻转试模，在其下垫上玻璃板，进行湿气养护。临近终凝时，用装有直径5mm、高6.4mm的环形附件试针每隔15min测定一次。从水泥全部加入水中起至试针沉入试体0.5mm时（环形附件不再在试体上留下痕迹）的时间为水泥的终凝时间 |
| 安定性 | 测定可采用标准法（雷氏法）或代用法（试饼法），当两种方法结果产生矛盾时，以标准法（雷氏法）为准 |

## 5. 水泥使用禁忌

### （1）禁忌骨料不纯

作为混凝土或水泥砂浆骨料的砂石，如果有尘土、黏土或其他有机杂质，都会影响水泥与砂、石之间的粘结握裹强度，因而最终会降低抗压强度。所以，如果杂质含量超过标准，必须经过清洗后方可使用。

### （2）禁忌水多灰稠

通常认为抹灰所用的水泥，其用量越多抹灰层就越坚固。其实，水泥用量越多，砂浆越稠，抹灰层体积的收缩量就越大，从而产生的裂缝就越多。一般情况下，抹灰时应先用 1 ：（3 ～ 5）的粗砂浆抹找平层，再用 1 ：（1.5 ～ 2.5）的水泥砂浆抹很薄的面层，切忌使用过多的水泥。

### （3）禁忌受酸腐蚀

酸性物质与水泥中的氢氧化钙会发生中和反应，生成物体积松散、膨胀，遇水后极易水解粉化，致使混凝土或抹灰层逐渐被腐蚀解体，所以水泥忌受酸腐蚀。

### （4）禁忌受潮结硬

受潮结硬的水泥强度会降低，甚至丧失原有强度，因此规定，出厂超过 3 个月的水泥应复查试验，按试验结果使用。

### （5）禁忌曝晒速干

混凝土或抹灰如操作后便遭曝晒，随着水分的迅速蒸发，其强度会有所降低，甚至完全丧失。因此，施工前必须严格清扫并充分湿润基层；施工后应严加覆盖，并按规定浇水养护。

### （6）禁忌负湿受冻

混凝土或砂浆拌合以后，如果受冻，其水泥不能进行水化，兼之水分结冰膨胀，则混凝土或砂浆就会遭到由表及里逐渐加深的粉酥破坏，应严格遵照冬期施工要求。

## 6. 水泥保管

1）储存水泥必须严格防水、防潮，保持干净。

2）临时露天存放，必须下垫上盖。

3）堆放时，应按厂别、品种、强度等级、批号、出厂日期严格分开堆放。水泥的储存期一般为三个月，快硬水泥为一个月，储存期超过规定应取样复验，按试验结果的强度等级使用。

## 第三节 砂

### 1. 砂的种类

#### （1）按产地不同

1）山砂。其中含有较多粉状黏土和有机质。

2）海砂。其中含有贝壳、盐分等有害物质，需经处理、检验合格后才能使用。

3）河砂。其中所含杂质较少，所以使用最多。

#### （2）按直径不同

1）粗砂。其平均直径不小于 0.5mm。

2）中砂。其平均直径不小于 0.35mm。

3）细砂。其平均直径不小于 0.25mm。

### 2. 砂的密度

砂的密度一般为 2.6 ～ 2.7g/cm$^3$。砂在干燥状态下，其堆密度一般约为 1500kg/m$^3$。

## 3. 砂的质量要求

### （1）细度模数要求

砂的细度模数 $\mu_f$ 的范围：粗砂为 3.7 ～ 3.1；中砂为 3.0 ～ 2.3；细砂为 2.2 ～ 1.6；特细砂为 1.5 ～ 0.7。

### （2）颗粒级配要求

砂的公称粒径、砂筛筛孔的公称直径和方孔筛筛孔边长尺寸应符合表 3-3 的规定。

**砂的公称粒径、砂筛筛孔的公称直径和方孔筛筛孔边长尺寸　　表 3-3**

| 砂的公称粒径 | 砂筛筛孔的公称直径 | 方孔筛筛孔边长 |
| --- | --- | --- |
| 5.00mm | 5.00mm | 4.75mm |
| 2.50mm | 2.50mm | 2.36mm |
| 1.25mm | 1.25mm | 1.18mm |
| 630μm | 630μm | 600μm |
| 315μm | 315μm | 300μm |
| 160μm | 160μm | 150μm |
| 80μm | 80μm | 75μm |

1）除特细砂以外，砂的颗粒级配可按公称直径 630μm 筛孔的累计筛余量（以质量百分率计）分成三个级配区（见表 3-4），且砂的颗粒级配应处于表 3-4 中的某一区内。

砂颗粒级配区　　表 3-4

| 累计筛余（%）级配区 / 公称粒径 | Ⅰ区 | Ⅱ区 | Ⅲ区 |
| --- | --- | --- | --- |
| 5.00mm | 10～0 | 10～0 | 10～0 |
| 2.50mm | 35～5 | 25～0 | 15～0 |
| 1.25mm | 65～35 | 50～10 | 25～0 |
| 630μm | 85～71 | 70～41 | 40～16 |
| 315μm | 95～80 | 92～70 | 85～55 |
| 160μm | 100～90 | 100～90 | 100～90 |

2）砂的实际颗粒级配与表 3-4 中的累计筛余相比，除了公称粒径为 5.00mm 和 630μm 的累计筛余以外，其余公称粒径的累计筛余可稍超出分界线，但总超出量不应大于 5%。

### （3）混凝土用砂选配要求

1）配制混凝土时宜优先选用表 3-4 中Ⅱ区砂。当采用表 3-4 中Ⅰ区砂时，应提高砂率，并保持足够的水泥用量，满足混凝土的和易性；当采用表 3-4 中Ⅲ区砂时，宜适当降低砂率。

2）配制泵送混凝土，宜选用中砂。

3）当用特细砂配制的混凝土拌合物黏度较大，应采用机械搅拌和振捣。搅拌时间要比中、粗砂配制的混凝土延长 1～2min。配制混凝土的特细砂，其细度模数要满足表 3-5 的要求。

配制混凝土的特细砂细度模数的要求　　表 3-5

| 强度等级 | C50 | C40～45 | C35 | C30 | C20～C25 |
| --- | --- | --- | --- | --- | --- |
| 细度模数（不小于） | 1.3 | 1.0 | 0.8 | 0.7 | 0.6 |

4）配制 C60 以上的混凝土，不宜单独使用特细砂，应与天然砂或人工砂按适当比例混合使用。特细砂配制混凝土，砂率应低于中、粗砂混凝土。水

泥用量和水灰比：最小水泥用量应比一般混凝土增加 20kg/m³，最大水泥用量不宜大于 550kg/m³，最大水灰比应符合《普通混凝土配合比设计规程》（JGJ 55—2011）的有关规定。特细砂混凝土宜配制成低流动度混凝土，配制坍落度大于 70mm 以上的混凝土时，宜掺外加剂。

5）用人工砂配制混凝土时，其用水量应比天然砂配制混凝土的用水量适当增加，增加量由试验确定。人工砂配制混凝土时，当石粉含量较大时，宜配制低流动度混凝土，在配合比设计中，宜采用低砂率。细度模数高的宜采用较高砂率。人工砂配制混凝土宜采用机械搅拌，搅拌时间应比天然砂配制混凝土的时间延长 1min 左右。人工砂配制的混凝土要注意早期养护。养护时间应比天然砂混凝土延长 2 ～ 3d。

## （4）砂的含泥量要求

1）砂中泥块含量要求见表 3-6。

**砂中泥块含量要求　　　　表 3-6**

| 混凝土强度等级 | ≥ C60 | C55 ～ C30 | ≤ C25 |
| --- | --- | --- | --- |
| 泥块含量（按质量计，%） | ≤ 0.5 | ≤ 1.0 | ≤ 2.0 |

2）对于有抗冻、抗渗或其他特殊要求的小于或等于 C25 混凝土用砂，其泥块含量不应大于 1.0%。

含泥量对低等级混凝土的影响比对高等级混凝土的影响小，尤其是贫混凝土，含有一定量的泥后，可以改善拌合物的和易性。

## （5）砂中石粉含量要求

石粉是指人工砂及混合砂中 75μm 以下的颗粒。人工砂中的石粉绝大部分是母岩被破碎的细粒，与天然砂中的泥不同，它们在混凝土中的作用也有很大的区别。石粉含量高，可使砂的比表面积增大，增加用水量；另外细小的球形颗粒产生的滚珠作用又会改善混凝土和易性。

人工砂或混合砂中石粉的含量应符合表 3-7 的规定。

人工砂或混合砂中石粉的含量　　表 3-7

| 混凝土强度等级 | | ≥C60 | C55～C30 | ≤C25 |
| --- | --- | --- | --- | --- |
| 石粉含量（%） | *MB*＜1.4（合格） | ≤5.0 | ≤7.0 | ≤10.0 |
| | *MB*≥1.4（不合格） | ≤2.0 | ≤3.0 | ≤5.0 |

### (6) 砂的有害物质含量要求

砂中含有云母、轻物质、有机物、硫化物及硫酸盐等有害物质时，其含量应符合表 3-8 的规定。

砂中有害物质的含量　　表 3-8

| 项目 | 质量指标 |
| --- | --- |
| 云母含量(按质量计,%) | ≤2.0 |
| 轻物质含量(按质量计,%) | ≤1.0 |
| 硫化物及硫酸盐含量（折算成$SO_3$按质量计,%) | ≤1.0 |
| 有机物含量（用比色法试验） | 颜色不应深于标准色，当颜色深于标准色时，应按水泥胶砂强度试验方法进行强度对比试验，抗压强度比不应低于 0.95 |

对于有抗冻、抗渗要求的混凝土用砂，其云母含量不应大于 1.0%。

### (7) 砂中其他含量

1）砂中氯离子的含量（以干砂质量百分率计），对于钢筋混凝土用砂，不得大于 0.06%；对于预应力混凝土用砂，不得大于 0.02%。

2）贝壳是指 4.75mm 以下被破碎了的贝壳。海砂中贝壳的含量应符合表 3-9 的规定。

海砂中贝壳的含量 表 3-9

| 混凝土强度等级 | ≥C40 | C35～C30 | C25～C15 |
|---|---|---|---|
| 贝壳含量（按质量计，%） | ≤3 | ≤5 | ≤8 |

对于有抗冻、抗渗或其他特殊要求的小于或等于 C25 的混凝土用砂，其贝壳含量不应大于 5%。

3）经检验判断为有潜在危害时，应控制混凝土中的碱含量不超过 $3kg/m^3$。

### （8）砂的其他指标要求

1）砂的坚固性应采用硫酸钠溶液检验，试样经过 5 次循环以后，其质量损失应符合表 3-10 的规定。

砂的坚固性指标 表 3-10

| 混凝土所处的环境条件及其性能要求 | 5 次循环后的质量损失（%） |
|---|---|
| 在严寒及寒冷地区室外使用并经常处于潮湿或干湿交替状态下的混凝土<br>对于有抗疲劳、耐磨、抗冲击要求的混凝土<br>有腐蚀介质作用或经常处于水位变化区的地下结构混凝土 | ≤8 |
| 其他条件下使用的混凝土 | ≤10 |

2）人工砂的压碎值指标是检验其坚固性及耐久性的一项指标，对混凝土耐磨性有着明显的影响，因此，要求人工砂的总压碎值指标应小于 30%。

## 4. 砂的质量检验及保管

### （1）质量检验

检验时应按砂的同一产地、同一规格分批验收。采用大型工具（如火车、货船或汽车）运输的，应以 400m$^3$ 或 600t 为一验收批；采用小型工具（如拖拉机等）运输的，应以 200m$^3$ 或 300t 为一验收批。不足上述量者，应按一验收批进行验收。当砂的质量比较稳定、进料量又较大时，可以 1000t 为一验收批。每验收批砂至少进行颗粒级配、含泥量、泥块含量检验。对于碎石或卵石，还应检验针片状颗粒含量；对于海砂或有氯离子污染的砂，还应检验其氯离子含量；对于海砂，还应检验贝壳含量；对于人工砂及混合砂，还应检验石粉含量。对于重要工程或特殊工程，则应根据工程要求增加检测项目。对其他指标的合格性有怀疑时，应予以检验。

#### (2) 保管

砂在施工场地应分规格堆放，防止污物污水、人踏车碾造成损失，需要时还应采取防风措施。

## 第四节 石

### 1. 石的种类

石分为碎石和卵石，卵石由自然条件作用形成；碎石则经破碎、筛分而成。碎石和卵石均为公称粒径大于 5mm 的岩石颗粒。其中，卵石表面较为光滑，少棱角，便于混凝土的泵送和浇筑，但与水泥的胶结较差，且含泥量较高，适用于拌制较低强度等级的混凝土；碎石表面粗糙，多棱角，与水泥胶结牢固，在相同条件下比卵石拌制的混凝土强度高。卵石适用于泵送混凝土，碎石适用于高强度等级的混凝土。

按粒径，石子可分为 5 ～ 10mm、5 ～ 16mm、5 ～ 20mm、5 ～ 25mm、5 ～ 31.5mm、5 ～ 40mm 等几种不同的规格。石子的表观密度一般为 2.5 ～ 2.7g/cm$^3$。石子在干燥状态下，其堆积密度一般为 1400 ～ 1500kg/m$^3$。

## 2. 石的质量要求

### （1）粒径要求

石的公称粒径、石筛筛孔的公称直径与方孔筛筛孔边长应符合表 3-11 的规定。

**石的公称粒径、石筛筛孔的公称直径与方孔筛筛孔边长（mm）　　表 3-11**

| 石的公称粒径 | 石筛筛孔的公称直径 | 方孔筛筛孔边长 |
|---|---|---|
| 2.50 | 2.50 | 2.36 |
| 5.00 | 5.00 | 4.75 |
| 10.0 | 10.0 | 9.5 |
| 16.0 | 16.0 | 16.0 |
| 20.0 | 20.0 | 19.0 |
| 25.0 | 25.0 | 26.5 |
| 31.5 | 31.5 | 31.5 |
| 40.0 | 40.0 | 37.5 |
| 50.0 | 50.0 | 53.0 |
| 63.0 | 63.0 | 63.0 |
| 80.0 | 80.0 | 75.0 |
| 100.0 | 100.0 | 90.0 |

### （2）颗粒级配要求

1）混凝土用石应采用连续粒级。单粒级适用于组合成满足要求的连续粒级；也可与连续粒级混合使用，以改善其级配或配成较大粒度的连续粒级。

2）单粒级配制混凝土会加大水泥用量，对混凝土的收缩等性能造成不利影响。由于卵石的颗粒级配是自然形成的，当其不满足级配要求时，应在保证混凝土质量的前提下采取措施后方可使用。

### (3) 石中针、片状颗粒的含量要求

碎石或卵石中的针、片状颗粒含量应符合表 3-12 的规定。

**针、片状颗粒含量　　表 3-12**

| 混凝土强度等级 | ≥ C60 | C55 ~ C30 | ≤ C25 |
|---|---|---|---|
| 针、片状颗粒含量（按质量计，%） | ≤ 8 | ≤ 15 | ≤ 5 |

### (4) 石中含泥量要求

石中含泥量和泥块含量应符合表 3-13 和表 3-14 的规定。

**碎石或卵石中含泥量　　表 3-13**

| 混凝土强度等级 | ≥ C60 | C55 ~ C30 | ≤ C25 |
|---|---|---|---|
| 含泥量（按质量计，%） | ≤ 0.5 | ≤ 1.0 | ≤ 2.0 |

**碎石或卵石中泥块含量　　表 3-14**

| 混凝土强度等级 | ≥ C60 | C55 ~ C30 | ≤ C25 |
|---|---|---|---|
| 泥块含量（按质量计，%） | ≤ 0.2 | ≤ 0.5 | ≤ 0.7 |

1）对于有抗冻、抗渗或其他特殊要求的混凝土，其所用碎石或卵石中含泥量不应大于 1.0%。当碎石或卵石的含泥是非黏土质的石粉时，其含泥量可由表 3-13 的 0.5%、1.0%、2.0%，分别提高至 1.0%、1.5%、3.0%。

2）对于有抗冻、抗渗或其他特殊要求且强度等级小于 C30 的混凝土，其所用碎石或卵石中泥块含量不应大于 0.5%。

### （5）石中有害物质含量要求

石中的硫化物和硫酸盐含量以及有机物等有害物质含量应符合表 3-15 的规定。

**石中有害物质含量　　表 3-15**

| 项目 | 质量指标 |
| --- | --- |
| 硫化物及硫酸盐含量（折算成$SO_3$，按质量计，%） | ≤1.0 |
| 卵石中有机物含量（用比色法试验） | 颜色应不深于标准色，当颜色深于标准色时，应配制成混凝土进行强度对比试验，抗压强度比应不低于 0.95 |

### （6）石的碱活性要求

对于长期处于潮湿环境中的重要结构混凝土，对其使用的碎石或卵石应进行碱活性检验。经检验，判定骨料存在潜在碱—碳酸盐反应危害时，不宜用作混凝土骨料；判定骨料存在潜在碱—硅反应危害时，应控制混凝土中的碱含量不超过 $3kg/m^3$。

### （7）石的其他指标要求

1）石头的坚固性应用硫酸钠溶液法检验，试样经 5 次循环后，其质量损失应符合表 3-16 的规定。

**碎石或卵石的坚固性指标　　表 3-16**

| 混凝土所处的环境条件及其性能要求 | 5 次循环后的质量损失（%） |
| --- | --- |
| 在严寒及寒冷地区室外使用，并经常处在潮湿或干湿交替状态下的混凝土；有腐蚀性介质作用或经常处于水位变化区的地下结构或抗疲劳、耐磨、抗冲击等要求的混凝土 | ≤8 |
| 在其他条件下使用的混凝土 | ≤12 |

2）压碎值指标要求。

① 碎石的压碎值指标宜符合表 3-17 的规定。

碎石的压碎值指标 表 3-17

| 岩石品种 | 混凝土强度等级 | 碎石压碎值指标（%） |
| --- | --- | --- |
| 沉积岩 | C60 ~ C40 | ≤ 10 |
| | ≤ C35 | ≤ 16 |
| 变质岩或深层的火成岩 | C60 ~ C40 | ≤ 12 |
| | ≤ C35 | ≤ 20 |
| 喷出的火成岩 | C60 ~ C40 | ≤ 13 |
| | ≤ C35 | ≤ 30 |

② 卵石的强度可用压碎值指标表示，并符合表 3-18 的规定。

卵石的压碎值指标 表 3-18

| 混凝土强度等级 | C60 ~ C40 | ≤ C35 |
| --- | --- | --- |
| 压碎值指标（%） | ≤ 12 | ≤ 16 |

### 3. 石的质量检验

石的质量检验同砂的质量检验。

## 第五节 混凝土的分类

混凝土的品种很多，其分类方法各不相同，一般可按其所用胶骨料品种、性能用途和施工工艺、配筋方式及混凝土拌合物的流动性分类。

## 1. 按胶凝材料分类

1）水泥混凝土。以硅酸盐水泥、普通水泥、矿渣水泥、火山灰质水泥、粉煤灰水泥等为胶凝材料，广泛用于各种混凝土工程。

2）石灰混凝土。以石灰、天然水泥、火山灰等活性硅酸盐或铝酸盐与硝石灰的混合物为胶凝材料。

3）石膏混凝土。以天然石膏及工业废料石膏为胶凝材料，可做小型砌块、板等内隔墙制品。

4）碱矿渣混凝土。以磨细矿渣及碱溶液为胶凝材料，是一种新型混凝土，可做各种结构。

5）水玻璃混凝土。以钠或钾水玻璃为胶凝材料，可做耐酸结构。

6）硫磺混凝土。硫磺加热熔化后，注入粗、细骨料中，冷却硬化，可用作粘结剂及用于低温防腐蚀工程。

7)沥青混凝土。用天然或人造沥青为胶凝材料，可做路面及耐酸、碱地面。

8）聚合物水泥混凝土。以水泥为主要胶凝材料，加入少量乳胶或水溶性树脂，能提高和改善混凝土各种性能。

9）树脂混凝土。以聚酯树脂、环氧树脂、尿醛树脂等为胶凝材料，用于侵蚀性介质中。

## 2. 按质量密度和形状分类

1）特重混凝土。用钢球、铁矿石、重晶石等为粗骨料。混凝土表观密度大于 2700kg/m$^3$，用于防射线混凝土工程。

2）普通混凝土。用普通砂、石做骨料，混凝土表观密度 1900 ～ 2500 kg/m$^3$。

3）轻混凝土。用天然或人造轻骨料，如浮石、火山渣和各种陶粒、矿渣等做骨料，混凝土表观密度 1000 ～ 1900kg/m$^3$，可用于承重构件或既承重又保温的围护结构。

4）特轻混凝土。用人造轻骨料，混凝土表观密度小于1000kg/m³，如泡沫混凝土、加气混凝土等。

5）特细砂混凝土。凡以水泥作胶凝材料，细度模数小于1.5，平均粒径在0.25mm以下的特细砂作细骨料，碎石或卵石作粗骨料和水配制而成的混凝土均称为特细砂混凝土，其可以配制成一般混凝土、钢筋混凝土和预应力混凝土。

6）大孔混凝土。由水泥、粗骨料和水拌制而成的无砂混凝土，分普通大孔混凝土，堆积密度1500～1900kg/m³；轻骨料大孔混凝土，堆积密度500～1200kg/m³。前者可作预制墙板和多层、高层住宅墙体的承重墙，后者作预制或现浇砌块和墙板。

## 3. 按性能、用途分类

1）防水混凝土。能承受0.6MPa以上的水压不透水的混凝土，用于地下防水工程和贮水构筑物。

2）耐酸混凝土。用于化学工业的输液管、洗涤池、车间地面、设备基础等，要求能抵抗强酸和腐蚀性气体的侵蚀，如硫磺耐酸混凝土、沥青混凝土和水玻璃耐酸混凝土等。

3）耐碱混凝土。以普通水泥与耐碱骨料、粉料、水配制而成，用作耐碱地坪，贮碱池、槽、罐体及受碱腐蚀的基础等。

4）耐油混凝土。系在普通混凝土中掺入密实剂氢氧化铁、三氯化铁或三乙醇胺复合剂配制而成，可用于建造贮存轻油类、重油类的油槽，油罐设备及耐油底板、地坪等。

5）耐热（火）混凝土。通常能承受200～900℃高温的混凝土称耐热混凝土，承受900℃以上高温的混凝土称耐火混凝土，具有能长期经受高温并保持所需的物理力学性能，用于热工设备内衬和受高温作用的结构，如水泥耐热混凝土、水玻璃耐热混凝土。

6）抗冻混凝土。系在普通混凝土中掺入少量松香酸钠泡沫剂配制而成，具有良好的抗冻、抗渗性能，用于制冷设备基础工程。

7）耐低温混凝土。系用水泥、膨胀珍珠岩砂和泡沫剂配制而成，用于深冷（0 ～ -196℃）工程作隔热、保温材料以及管道、屋面等隔热保温工程。

8）防辐射混凝土。系用水泥与特重的骨料配制而成的一种密度大、含有大量结合水的特重混凝土（密度达 3000 ～ 4000kg/m$^3$），又称屏蔽混凝土，能屏蔽 X、α 、β 、γ 射线及中子射线等，是原子能反应堆、粒子加速器等常用的防护材料。

9）水工混凝土。用于大坝等水工构筑物，多数为大体积工程，要求有抗冲刷、耐磨及抗大气腐蚀性，依其不同使用条件可选用普通水泥、矿渣水泥或火山灰水泥及大坝水泥等。

10）水下不分散混凝土。系在普通混凝土中加入 UWB（丙烯系）速凝剂配制而成。具有混凝土拌合物遇水不离析、水泥不流失、可进行水中自落浇筑的特点，适用于沉井封底、人工筑岛、围堰水下结构浇筑等。

11）耐海水混凝土。直接受海水影响并且能够抵抗海水侵蚀和破坏、耐久性优良的混凝土，包括海岸工程（如港口、挡潮闸、跨海桥梁、海岸防护工程等）和离岸工程（如大型深水码头、海上采油平台等）混凝土。

12）道路混凝土。可用水泥或沥青胶凝材料，要求具有较高的抗折强度和耐候性、耐磨性，用于路面的混凝土。

13）膨胀混凝土。用膨胀水泥或掺加膨胀剂配制的混凝土，分为补偿收缩混凝土和自应力混凝土两类。可减轻或避免混凝土因体积收缩而引起的开裂以及可提高构件的承载和工作能力。应用于结构自防水、大体积混凝土裂缝控制、刚性防水屋面以及高性能混凝土。

14）高强、超高强混凝土。强度等级≥ C50 的称高强混凝土；≥ C80 的称超高强混凝土。可用于高层、超高层建筑结构、铁路、公路桥梁等。

15）耐磨耗混凝土。使用较多的有高性能抗磨蚀混凝土、钢屑耐磨混凝土、石英砂耐磨混凝土、钢纤维耐磨混凝土等。可用于耐磨地坪、机场跑道、道路、矿仓库的衬里、吊车轨道的垫层、楼梯踏步等。

16）装饰混凝土。利用饰面和造型技术，进行建筑艺术加工的混凝土，有着色混凝土、清水装饰混凝土、露骨料装饰混凝土等，可使构件的承重、围护、耐久与装饰等多种功能集于一身。

17）透水性混凝土。采用单一粒级的粗骨料与 42.5 级以上硅酸盐水泥、普通水泥或高分子树脂配制而成的无砂多孔混凝土，有水泥透水性混凝土、高分子透水混凝土和烧结透水混凝土。主要用于公园内道路、人行道、轻量级道路、停车场及各种新型体育场。

18）绿化混凝土。指能够适应绿色植被生长、进行绿色植被的混凝土及其制品，目前有孔洞型绿化混凝土、多孔连续型绿化混凝土和孔洞型多层结构绿化混凝土。主要用于城市道路两侧及中央隔离带、水边护坡、楼顶、停车场等部位。

## 4. 按施工工艺分类

1）预拌混凝土。指集中搅拌后再以商品形式供应用户的混凝土，又称商品混凝土。

2）泵送混凝土。用混凝土泵输送和浇筑的混凝土。用于大体积混凝土结构、大型设备基础、高层建筑结构以及隧洞、桥墩、城市中心建筑密集地段的工程。

3）喷射混凝土。用压缩空气喷射施工的混凝土，分干式喷射法、湿式喷射法和造壳喷射法等。多用于井巷及隧道衬砌工程。

4）裹砂混凝土。又称造壳混凝土或S•E•C混凝土，是一种用新型搅拌工艺配制的混凝土。适用于各种普通混凝土。

5）磁化水混凝土。用磁化水拌制的水泥混凝土，可提高混凝土的各种性能。用于各种水泥混凝土及防水工程。

6）真空混凝土。用真空泵将混凝土中多余的水分吸出，从而提高其密实度的一种工艺。用于道路、机场跑道、楼地面、薄壳等工程。

7）预填骨料混凝土。先铺粗骨料，然后用压浆泵强制注入水泥砂浆的混凝土。适用于柱、墙的基础和大型设备基础以及混凝土蜂窝孔洞的加固。

8）碾压混凝土。用振动压路机通过外部振动和碾压施工的一种干硬性混凝土。用于大坝、道路、机场跑道、停车场、堤岸等工程。

9）挤压混凝土。用挤压机成型的混凝土。用于长线台座法的空心板、T形小梁等构件生产。

10）离心混凝土。用离心机成型的混凝土。用于混凝土管、电杆等管状构件。

## 5. 按配筋情况分类

1）素混凝土。即无筋混凝土,用于基础及垫层等的低强度等级的混凝土。

2）钢筋混凝土。用普通钢筋加强的混凝土。广泛用于各种工程结构。

3）钢丝网混凝土。用钢丝网加强的无粗骨料混凝土，又称钢丝网砂浆。用于制作薄壳、船体等薄壁构件。

4）纤维混凝土。用各种纤维加强的混凝土，如钢纤维混凝土、玻璃纤维混凝土、聚丙烯纤维混凝土等，其抗冲击、抗拉、抗弯性能好。可用于路面、桥面、机场跑道护面、隧道衬砌、刚性屋面等。

5）预应力混凝土。用先张法、后张法或化学方法使混凝土预压以提高其抗拉、抗弯强度的配筋混凝土。用于各种建筑结构及构筑物，特别是大跨度桥梁等。

6）钢管混凝土。在钢管中填充混凝土而形成的一种构件，可提高轴向承载力和塑性、韧性。可用于工业厂房柱、地铁站台柱、桥拱结构以及高层结构的框架柱等。

## 6. 按流动性分类

1）干硬、超干硬性混凝土。指水泥用量小、石子较多，其坍落度≤10mm的称干硬性混凝土，坍落度为0的称超干硬性混凝土，这种混凝土凝固前的性能不同于普通混凝土，硬化后的性能与普通混凝土相似。

2）塑性混凝土。坍落度在10～90mm范围内的普通混凝土。

3）流动性混凝土。坍落度在100～150mm的混凝土。其性能与普通混凝土相比除流动性稍大外，其他基本相似，特别适用于泵送混凝土。

4）流态混凝土。在坍落度为100～150mm的流动性混凝土中，加入硫化剂（高效能减水剂）后，使坍落度增大至180～220mm，能像水一样流动的混凝土。用于泵送施工及钢筋密集、捣实困难的薄壁结构。

5）自流平、自密实混凝土。由水泥、砂、掺和料、超塑剂、稳定剂等混合配制而成，加水拌合后即可泵送施工。主要用于地面施工，不需振捣、抹平，可自流平、自密实。

## 第六节 混凝土的性能

在混凝土建筑物中，由于各个部位所处的环境不同，工作条件也不相同，对混凝土性能的要求也不一样，故必须根据具体情况，采用不同性能的混凝土，达到在满足性能要求的前提下，经济效益显著的目的。

### 1. 混凝土拌合物特性

#### （1）混凝土拌合物的和易性

混凝土和易性是指混凝土在施工中是否易于操作，是否具有能使所浇筑的构件质量均匀、易于密实成型的性能。所谓和易性好，是指混凝土拌合物容易拌合，不易发生砂、石或水分离析现象，浇筑时能填满模板的各个角落，易于捣实，分布均匀，与钢筋粘结牢固，不易产生蜂窝、麻面等不良现象。和易性是一项综合的技术性质，包括有流动性、黏聚性和保水性等含义。可见，和易性是一项综合性能。

1）流动性：指混凝土拌合物在自重或机械振动作用下能产生流动，并均匀、密实地填满模板的性能。流动性的大小反映拌合物的稠稀，它影响施工难易及混凝土结构质量。

2）黏聚性：指混凝土拌合物中各种组成材料之间有较好的黏聚能力，在运输和浇筑过程中，不致产生分层离析，使混凝土保持整体均匀的性能。黏聚性差的拌合物中水泥浆或砂浆与石子易分离，混凝土硬化后会出现蜂窝、麻面、孔洞等不密实现象，严重影响混凝土结构质量。

3）保水性：指混凝土拌合物保持水分，不易产生泌水的性能。保水性差，泌水倾向加大，振捣后拌合物中的水分泌出、上浮，使水分流经的地方形成毛细孔隙，成为渗水通道；上浮到表面的水分，形成疏松层，如上面继续浇筑混凝土，则新旧混凝土之间形成薄弱的夹层；上浮过程中积聚在石子和钢筋下面的水分，形成水隙，影响水泥浆与石子和钢筋的粘结。

### （2）和易性的测定

通常是指拌合物的流动性、黏聚性和保水性。

1）保水性测定时，将混凝土拌合物按规定方法装入坍落筒内，然后将筒垂直提起，由于自重会产生坍（塌）落现象，坍落的高度称为坍落度。坍落度越大，说明流动性越好。

2）黏聚性的检查方法，是用捣棒在已坍落的拌合物一侧轻敲，如果轻敲后拌合物保持整体，渐渐下沉，表明黏聚性好；如果拌合物突然倒塌，部分离析，表明黏聚性差。

3）保水性的检查方法，是当坍落筒提起后如有较多稀浆从底部析出而拌合物因失浆骨料外露，说明保水性差；如无浆或有少量的稀浆析出，拌合物含浆饱满，则保水性好。

### （3）影响和易性的因素

1）用水量。用水量是决定混凝土拌合物流动性的主要因素。分布在水泥浆中的水量，决定了拌合物的流动性。拌合物中，水泥浆应填充骨料颗粒间的空隙，并在骨料颗粒表面形成润滑层以降低摩擦，由此可见，为了获得要求的流动性，必须有足够的水泥浆。试验表明，当混凝土所用粗、细骨料一定时，即使水泥用量有所变动，为获得要求的流动性，所用水量基本是一定的。流动性与用水量的这一关系称为恒定用水量法则。这给混凝土配合比设计带来很大方便。

注意：增加用水量虽然可以提高流动性，但用水量过多又使拌合物的黏聚性和保水性变差，影响混凝土的强度及和易性。因此，为提高混凝土拌合物的流动性，必须在保持水灰比不变情况下，在增加用水量的同时，增加水泥的用量。

2）水胶比。水胶比决定着水泥浆的稀稠。为获得密实混凝土，所用的水胶比不宜过小；为保证拌合物有良好的黏聚性和保水性，所用的水胶比又不能过大。水胶比一般在 0.8 ～ 1.5。在此范围内，当混凝土中用水量一定时，水胶比的变化对流动性影响不大。

3）砂率。砂率是指混凝土中砂的用量占砂、石总量比例。当砂率过大时，由于骨料的空隙率与总表面积增加，在水泥浆用量一定的条件下，包覆骨料的水泥浆层减薄，流动性变差；若砂率过小，砂的体积不足以填满石子的空隙，要用部分水泥浆填充，使起润滑作用的水泥浆层减薄，混凝土变得粗涩，和易性变差，出现离析、流浆现象。而合理砂率在水泥浆量一定的情况下，使混凝土拌合物有良好的和易性，或者说，当采用合理砂率时，在混凝土拌合物有良好的和易性条件下，可使水泥用量最少。可见合理砂率，就是保持混凝土拌合物有良好黏聚性和保水性的最小砂率。

4）其他影响因素。影响和易性的其他因素有水泥品种、骨料条件、施工时的环境条件及掺加外加剂等。

## 2. 混凝土强度

### （1）混凝土的抗压强度和强度等级

混凝土强度包括抗压、抗拉、抗弯和抗剪，其中以抗压强度为最高，所以混凝土主要用来抗压。混凝土的抗压强度是一项最重要的性能指标。按照国家标准规定，以边长为150mm的立方体试块，在标准养护条件下（温度为20℃ ±2℃，相对湿度大于95%）养护28d，测得的抗压强度值，称为立方体抗压强度$f_{cu}$。混凝土按强度分成若干强度等级，混凝土的强度等级是按立方体抗压强度标准值$f_{cu,k}$划分的。立方体抗压强度标准值是立方体抗压强度总体分布中的一个值，强度低于该值的百分率不超过5%，即有95%的保证率。混凝土的强度分为C15、C20、C25、C30、C35、C40、C45、C50、C55、C60、C65、C70、C75、C80等14个等级。

### （2）普通混凝土受压破坏特点

混凝土受压破坏主要发生在水泥石与骨料的界面上。混凝土受荷载之前，粗骨料与水泥石界面上实际已存在细小裂缝。随着荷载的增加，裂缝的长度、宽度和数量也不断增加，若荷载是持续的，随时间延长即发生破坏。决定混凝土强度的应该是水泥石与粗骨料界面的粘结强度。

### （3）影响混凝土强度主要因素

1）水泥强度和水胶比。混凝土强度主要决定于水泥石与粗骨料界面的粘结强度，而粘结强度又取决于水泥石强度。水泥石强度越高，水泥石与粗骨料界面的粘结强度也越高。至于水泥石强度，则取决于水泥强度和水胶比。这是因为：水泥强度越高，水泥石强度越高，粘结力越强，混凝土强度越高。在水泥强度相同的情况下，混凝土强度则随水胶比的增大有规律地降低。但水胶比也不是越小越好，当水胶比过小时，水泥浆过于干稠，混凝土不易被振密实，反而导致混凝土强度降低。

2）龄期。混凝土在正常情况下，强度随着龄期的增加而增长，最初的7～14d内增长较快，以后增长逐渐缓慢，28d后强度增长更慢。

3）养护温度和湿度。混凝土浇捣后，必须保持适当的温度和足够的湿度，使水泥充分水化，以保证混凝土强度的不断发展。一般规定，在自然养护时，对硅酸盐水泥、普通水泥、矿渣水泥拌制的混凝土，浇水保湿养护日期不少于7d；火山灰水泥、粉煤灰水泥、掺有缓凝型外加剂或有抗渗性要求的混凝土，则不得少于14d。

4)施工质量。施工质量是影响混凝土强度的基本因素。若发生计量不准，搅拌不均匀，运输方式不当造成离析，振捣不密实等现象时，均会降低混凝土强度。因此必须严把施工质量关。

### （4）提高混凝土强度措施

1）采用高强度等级水泥。

2）采用干硬性混凝土拌合物。

3）采用湿热处理：分为蒸汽养护和蒸压养护。蒸汽养护是在温度低于100℃的常压蒸汽中进行。一般混凝土经16～20h的蒸汽养护后，强度可达正常养护条件下28d强度的70%～80%。蒸压养护是在175℃，8atm（1atm＝0.1MPa）的蒸压釜内进行。在高温高压的条件下，可有效提高混凝土强度。

4）改进施工工艺：加强搅拌和振捣，采用混凝土拌合用水磁化、混凝土裹石搅拌等新技术。

5）加入外加剂：如加入减水剂和早强剂等，可提高混凝土强度。

## 3. 混凝土的变形性质

混凝土在硬化后和使用过程中，易受各种因素影响而产生变形，例如化学收缩、干湿变形、温度变形和荷载作用下的变形等，这些都是使混凝土产生裂缝的重要原因，直接影响混凝土的强度和耐久性。

### （1）化学收缩

混凝土在硬化过程中，水泥水化后的体积小于水化前的体积，致使混凝土产生收缩，这种收缩称为化学收缩。

### （2）干湿变形

当混凝土在水中硬化时，会引起微小膨胀，当在干燥空气中硬化时，会引起干缩。干缩变形对混凝土危害较大，它可使混凝土表面开裂，造成混凝土的耐久性严重降低。影响干湿变形的因素主要有：用水量（水胶比一定的条件下，用水量越多，干缩越大）、水胶比（水胶比大、干缩大）、水泥品种及细度（火山灰水泥干缩大、粉煤灰干缩小；水泥细，干缩大）、养护条件（采用湿热处理，可减小干缩）。

### （3）温度变形

温度升降1℃，每米胀缩0.01mm。温度变形对大体积混凝土极为不利。在混凝土硬化初期，放出较多的水化热，当混凝土较厚时，散热缓慢，致使内外温差较大，因而变形较大。

### （4）荷载作用下的变形

混凝土的变形分为弹性变形和塑性变形。混凝土在持续荷载作用下，随时间增长的变形称为徐变。徐变变形初期增长较快，然后逐渐减慢，一般持续2～3年才逐渐趋于稳定。徐变可消除钢筋混凝土内的应力集中，使应力较均匀地重新分布，对大体积混凝土能消除一部分由于温度变形所产生的破坏应力。但在预应力混凝土结构中，徐变将使混凝土的预加应力受到损失。一般条件下，水胶比较大时，徐变较大；水胶比相同，用水量较大时，徐变较大；骨料级配好，最大粒径较大，弹性模量较大时，混凝土徐变较小；当混凝土在较早龄期受荷时，产生的徐变较大。

## 4. 混凝土的耐久性

抗渗性、抗冻性、抗侵蚀性、抗碳化性以及防止碱—骨料反应等，统称为混凝土的耐久性。提高耐久性的主要措施如下。

1）选用适当品种的水泥。

2）严格控制水胶比并保证足够的水泥用量。

3）选用质量好的砂、石，严格控制骨料中的含泥量及有害杂质的含量。采用级配好的骨料。

4）适当掺用减水剂和引气剂。

5）在混凝土施工中，应搅拌均匀、振捣密实、加强养护等，以增强混凝土的密实性。

6）掺加粉煤灰、磨细矿渣等矿物掺合料。

## 5. 拌合物的离析和泌水

### （1）离析

拌合物的离析是指拌合因各组成材料分离而造成不均匀和失去连续性的现象。其形式有两种：一种是骨料从拌合物中分离；另一种是稀水泥浆从拌合物中淌出。虽然拌合物的离析是不可避免的，尤其是在粗骨料最大粒径较大的混凝土中，但适当的配合比、掺外加剂可尽量使离析减小。

离析会使混凝土拌合物均匀性变差，硬化后混凝土的整体性、强度和耐久性降低。

### （2）泌水

拌合物泌水是指拌合物在浇筑后到开始凝结期间，固体颗粒下沉，水上升，并在混凝土表面析出水的现象。泌水将造成如下后果：

1）块体上层水多，水胶比增大，质量必然低于下层拌合物，引起块体质量不均匀，易于形成裂缝，降低了混凝土的使用性能。

2）部分泌水挟带细颗粒一直上升到混凝土顶面，再沉淀下来的细微物质称为乳皮，使顶面形成疏松层，降低了混凝土之间的粘结力。

3）部分泌水停留在石子下面或绕过石子上升，形成连通的孔道，水分蒸发后，这些孔道成为外界水分侵入混凝土内部的捷径，降低了混凝土的抗渗性和耐久性。

4）部分泌水停留在水平钢筋下表面，形成薄弱的间隙层，降低了钢筋与混凝土的粘结力。

5）由于泌水和其他一些原因，使混凝土在终凝以前产生少量的“沉陷”。

由此可见，泌水作用对于混凝土的质量有很不利的影响，必须尽可能地减少混凝土的泌水。通常采用掺加适量混合材、外加剂，尽可能降低混凝土水胶比等有效措施来提高混凝土的保水性，从而减少泌水现象。

## 第七节 商品混凝土

### 1. 什么是商品混凝土

商品混凝土是指在工厂中生产，并且作为商品出售的混凝土。优点如下：

1）生产设备标准高：由于商品混凝土搅拌站是一个专业性的混凝土生产企业，配有较先进的设备，这些设备不仅产量高，而且计量准确、搅拌均匀，生产出的混凝土质量好。

2）生产人员素质高：搅拌站的生产人员一直从事商品混凝土的生产，在这一方面具有较丰富的经验。

3）产品质量有保证：商品混凝土企业一般有较完善的质量保证系统，一般都建立了质量检验系统，包括对水泥、混合材、砂石料、外加剂等原材料的检验，以及对新拌混凝土和硬化混凝土性能的检验，有利于保证混凝土的质量。

4）减少现场搅拌对环境的污染：采用商品混凝土可以减少施工现场建筑材料的堆放，同时可以减少对周围环境的污染，有利于文明施工。

## 2. 商品混凝土的生产流程

### （1）材料的投放

混凝土的配合比是在实验室根据混凝土的配制强度通过试配确定的，因此称为实验室配合比，实验室所用的砂、石都是在干燥的环境下确定的，而施工现场的砂、石必然含有一定的水分，并且含水率会随着温度等外界环境的变化而发生变化，为了保证混凝土的质量，施工中应该进行配合比的调整。（施工配合比：现场砂、石含水率调整后的调配比称为施工配合比。）

### （2）搅拌

1）一次投料法。向搅拌机加料时，应先装砂子，然后装入水泥，使水泥不直接与料斗接触，避免水泥粘附在料斗上，最后装入石子，提起料斗将全部材料倒入拌筒中进行搅拌，同时开启水阀，使定量的水均匀撒布在拌合料斗中（图 3-5）。

2）二次投料法（也称先拌水泥浆法或水泥裹砂法）。即制备混凝土时将水泥和水先进行充分搅拌制成水泥净浆，或者将水泥、砂、水先搅拌制成水泥砂浆，搅拌 1min，然后投入石子，再搅拌 1min，这种方法称为二次投料法。二次投料法搅拌出的混凝土比一次投料法搅拌出的混凝土强度可以提高 10% ～ 15%（图 3-6）。

图 3-5　一次投料法

图 3-6　二次投料法

搅拌时间的长短直接影响混凝土的质量，一般自落式搅拌机（图 3-7）的搅拌时间不少于 90s，强制式搅拌机（图 3-8）搅拌时间不少于 60s。

图 3-7　自落式搅拌机

图 3-8　强制式搅拌机

## 3. 商品混凝土的运输

商品混凝土通常是通过混凝土搅拌车（图 3-9）运输到施工现场的，混凝土搅拌运输车是一种长距离输送混凝土的高效能设备。它将运送混凝土的搅拌筒安装在汽车底盘上，可以把搅拌站生产的混凝土装入搅拌筒内，直接运至工地现场，供浇筑作业的需要。

图 3-9　混凝土搅拌车

在运输途中，搅拌筒始终不停地做慢速转动，使筒内的混凝土拌合物可以连续得到搅拌，以保证混凝土通过长途运输后，仍不致产生离析现象。

冬季运输时，混凝土车上的搅拌筒还要加上保温装置（图 3-10）。

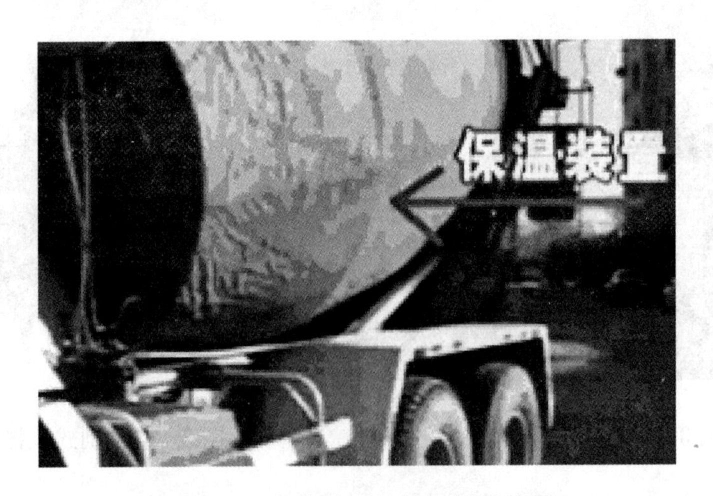


图 3-10　车上的搅拌筒加保温装置

# 第四章 混凝土工程机具

## 第一节 混凝土搅拌机

### 1. 混凝土搅拌机的类型

混凝土搅拌机按照进料、搅拌、出料是否连续，可分为周期作业和连续作业两种形式。周期作业式混凝土搅拌机按其搅拌原理分为自落式和强制式两种。

自落式搅拌机的搅拌原理是：物料由固定在旋转搅拌筒内壁的叶片带至高处，靠自重下落而进行搅拌。

自落式搅拌机可以搅拌流动性和塑性混凝土拌合物。由于结构简单、磨损小、维修保养方便、能耗低，虽然它的搅拌性能不如强制式搅拌机，但仍得到广泛应用。特别是对流动性混凝土拌合物。选用自落式搅拌机不仅搅拌质量稳定，而且不漏浆，比强制式搅拌机经济。

强制式搅拌机可以搅拌各种稠度的混凝土拌合物和轻骨料混凝土拌合物，这种搅拌机拌合时间短、生产率高，以拌合干硬性混凝土为主，在混凝土预制构件厂和商品混凝土搅拌楼（站）中占主导地位。

## 2. 混凝土搅拌机的构造

### （1）锥形反转出料搅拌机

锥形反转出料搅拌机是我国当前产量最大的一种搅拌机，现已批量生产的有 5 种容量、9 个型号，即 JZY150、JZC200、JZM200、JZY200、JZC350、JZM350、JZY350、JZ500、JZ750。各型搅拌机的结构基本相同，产量较多的为采用齿轮传动的 JZC 型，即动力经减速器带动搅拌筒上的大齿圈旋转。现以 JZC350 型为例，简述其构造。

该机的搅拌筒呈双锥形，由齿轮传动，其主要结构由搅拌系统、上料系统、供水系统、电气控制系统等组成，并安装有两轮行走装置。其外形结构如图 4-1 所示。

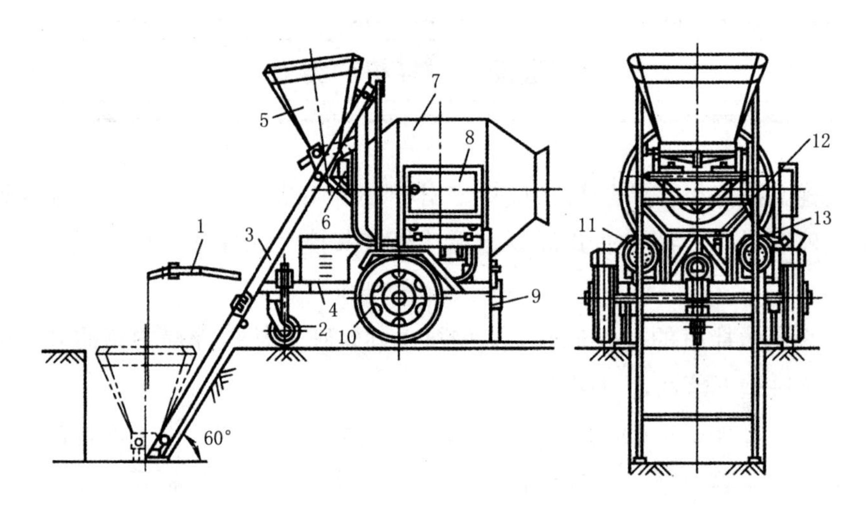


图 4-1 JZC350 型搅拌机结构示意

1—牵引架；2—前支轮；3—上料架；4—底盘；5—料斗；6—中间料斗；7—锥形搅拌筒；8—电气箱；9—支腿；10—行走轮；11—搅拌动力和传动机构；12—供水系统；13—卷扬系统

### （2）锥形倾翻出料搅拌机

锥形倾翻出料搅拌机为自落式，搅拌筒为锥形，进出料在同一口。搅拌时，搅拌筒轴线具有约 15° 倾角；出料时，拌筒向下旋转俯角约 50° ～60° ，将拌合料卸出。这种搅拌机卸料快，拌筒容积利用系数大，能搅拌大骨料的混凝土，适用于搅拌楼。现已批量生产的有 JF750、JF1000、JF1500、JF3000 等型号，各型结构相似，现以 JF1000 型为例，简述其构造。

JF1000 型搅拌机由搅拌系统和倾翻机构组成。加料、配水等装置及空气压缩机等需另行配置，因其用作混凝土搅拌站（楼）主机，可以相互配套使用。

### (3) 立轴涡桨式搅拌机

立轴强制式搅拌机有涡桨式和行星式之分。由于行星式结构较复杂，国产的都是涡桨式的，现已批量生产的有 JW250、JW350、JW500、JW1000 等型号，其中 JW500 和 JW1000 主要用作预制构件厂和搅拌站（楼）的主机，建筑施工中常用 JW250 和 JW350 型，现以使用较广的 JW250 型为例，简述其构造。

JW250 型立轴涡桨式搅拌机是由动力传动系统、进料和出料机构、搅拌系统、操纵机构和底盘等组成，如图 4-2 所示。

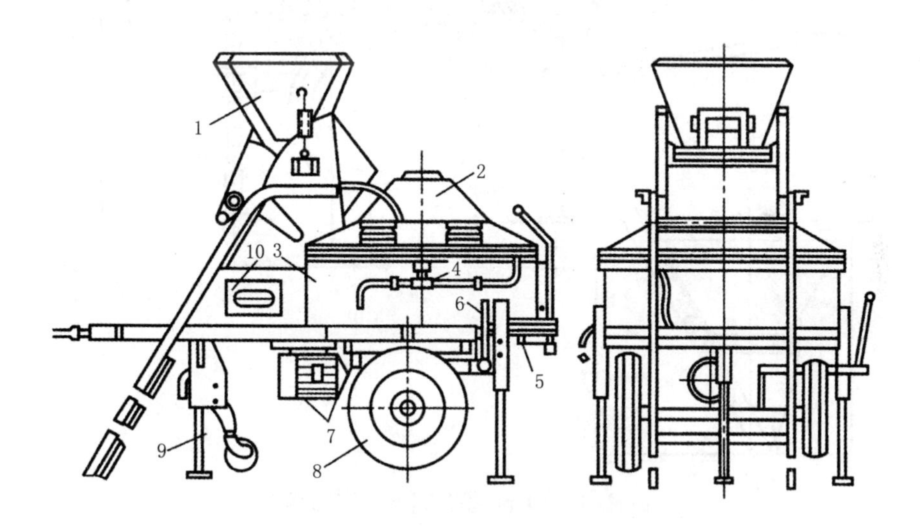


图 4-2　JW250 型搅拌机结构示意

1—进料斗；2—拌筒罩；3—搅拌筒；4—水表；5—出料口；
6—操纵手柄；7—传动机构；8—行走轮；9—支腿；10—电气工具箱

### (4) 单卧轴强制式搅拌机

卧轴强制式搅拌机有单、双卧轴之分，其中单卧轴已批量生产的有

JD150、JD200、JD250、JD350等型号，都是移动式的，各型结构基本相似，现以JD150型为例，简述其构造。

该机总体结构如图4-3所示。工作时由4条支腿支撑。为减轻后台上料的劳动强度，加料时料斗可降入地坑，斗口和地面平齐。在工地现场作短距离转移时，接长导轨可翻折固定，用机动车辆牵引转移。如需整机装车运输时，上料架顶部可以下折，以降低高度。

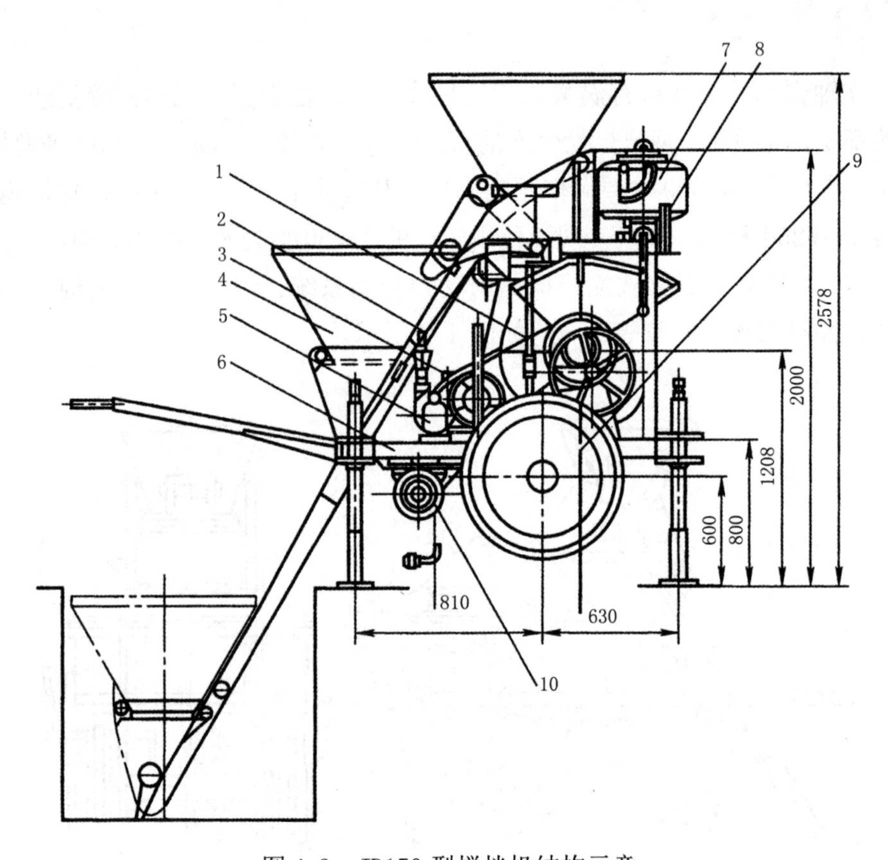


图4-3 JD150型搅拌机结构示意

1—搅拌装置；2—上料架；3—料斗操纵手柄；4—料斗；5—水泵；
6—底盘；7—水箱；8—供水装置操纵手柄；9—车轮；10—传动装置

## （5）双卧轴强制式搅拌机

双卧轴强制式搅拌机是能搅拌各种混凝土的多功能搅拌机械，搅拌质量和效率都比单卧轴搅拌机好，但结构较复杂，适用于较大容量的混凝土搅拌作业，一般用于搅拌站（楼）或混凝土构件预制厂。国内批量生产的有JS350、JS500、JS1000、JS1500等型号，现以JS350型为例，简述其构造。

JS350型主要由搅拌系统、上料机构、卸料装置、供水系统、电气系统等组成，如图4-4所示。

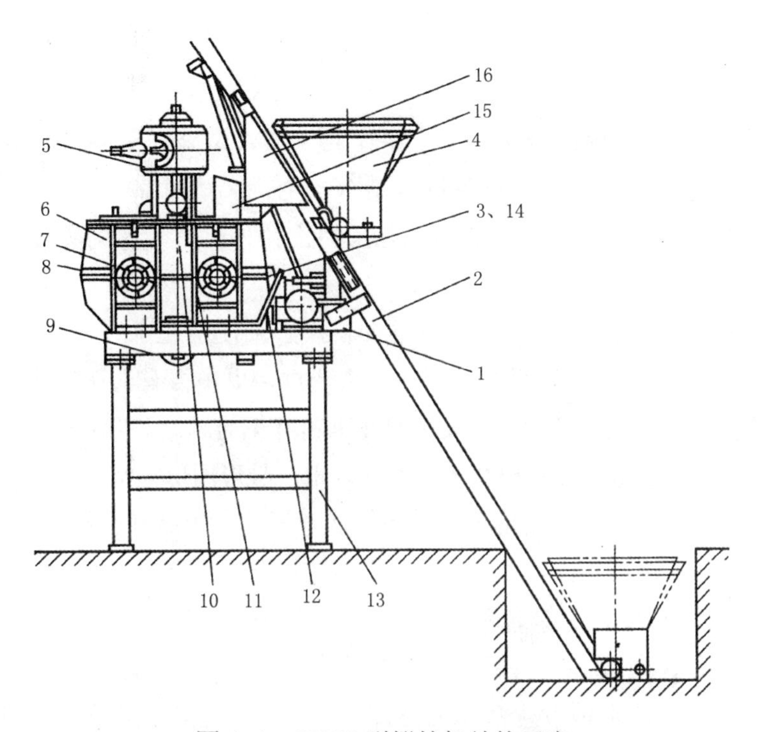


图4-4　JS350型搅拌机结构示意

1—上料传动装置；2—上料架；3—搅拌驱动装置；4—料斗；5—水箱；
6—搅拌罐；7—搅拌装置；8—供油器；9—卸料门装置；10—三通阀；
11—阀操纵杆；12—水泵；13—支承架；14—罩盖；15—接料斗；16—电气箱

## 3. 混凝土搅拌机的安装就位及安全操作规程

### （1）安装就位

混凝土搅拌机应根据施工组织设计，按施工总平面图指定的位置，选择地面平整、坚实的地方就位。先以支腿支承整机，调整水平后，下垫枕木支承机重，不准用行走胶轮支承。使用时间较长的搅拌机，应将胶轮卸下保管，封闭好轴颈。安装自落式搅拌机时，进料口一侧应稍抬高 30 ～ 50mm，以适应上料时短时间内所引起的偏重。长时间使用搅拌机时，应搭设机棚，防止雨水对机体的侵蚀，并有利于冬期施工。

### （2）安全操作规程

1）搅拌机在使用前应按照“十字作业”法（调整、紧固、润滑、清洁、防腐）的要求，来检查搅拌机各机构是否齐全、灵活可靠、运转正常，并按规定位置加注润滑油。各种搅拌机（除反转出料外）都为单向旋转进行搅拌，所以不得反转。

2）搅拌机进入正常运转后，方准加料，必须使用配水系统准确加水。

3）上料斗上升后，严禁料斗下方有人通过，更不得有人在料斗下方停留，以免制动机构失灵发生事故；如果需要在上料斗下方检修机器时，必须将上料斗固定（强制式和锥形反转出料式用木杠顶牢，鼓形用保险链环扣上），上料手柄在非工作时间也应用保险链扣住，不得随意扳动。上料斗存停机前必须放置到最低位置，绝对不允许悬于半空或以保险链扣在机架上梁，不得有任何隐患。

4）机械工作中，严禁各种砂石等物料落入运转部位。操作人员必须精力集中，不准离开岗位，上料配合比要准确，注意控制不同搅拌机的最佳搅拌时间。如遇中途停电或发生故障要立即停机、切断电源，将筒内的混合物清理干净。若需人员进入筒内维修，筒外必须有人看电闸监护。

5）强制式混凝土搅拌机无振动机构，因而原材料易粘存在料斗的内壁上，可通过操作机构使料斗反复冲撞限位挡板倾料。但要保证限位机构不被撞坏，不失其限位灵敏度。在卸料手柄甩动半径内，不准有人停留。卸料活门应保持开启轻快和封闭严密，如果发生磨损，其配合的松紧度可通过卸料门板下部的螺栓进行调整。

6）每班工作完毕后，必须将搅拌筒内外积灰、黏渣清理干净，搅拌筒内不准有清洗积水，以防搅拌筒和叶片生锈。清洗搅拌机的污水应引入渗井或集中处理，不准在机旁或建筑物附近任其自流。尤其在冬季，严防搅拌机筒内和地面积水甚至结冰，应有防冻、防滑、防火措施。

7）操作人员下班前，必须切断搅拌机电源。锁好电闸箱，确保机械各操作机构处于零位。

## 第二节 混凝土泵和混凝土泵车

混凝土输送泵有混凝土输送泵车和固定式混凝土输送泵两种。

### 1. 固定式混凝土输送泵

固定式混凝土输送泵是施工现场安装的设备，通常包括泵机、输送管道和浇筑设备。它具有输送能力大、速度快、效率高、省人力、能连续作业等特点。因此已经成为施工现场运输混凝土的一种主要方法（图 4-5)。

注：固定式混凝土输送泵最大水平输送距离可达 600m；最大垂直输送高度可达 200m。

图 4-5 固定式混凝土输送泵的组成

### 2. 泵车

泵车一般都是施工现场租赁使用，在需要浇筑混凝土时驶入现场。

1）一定要确保泵车平稳和混凝土的管道已经连接好，并且安装稳固妥当（图 4-6）。

图 4-6

2）由于泵车在运送混凝土时，会使泵管产生强大的压力，所以泵管一定要用支架和膨胀螺丝固定在混凝土墙上，或者是柱头上面（图 4-7）。

3）另外，为了避免泵管架损坏楼面或者楼板，要用保护层架托起泵管（图 4-8）。

图 4-7

图 4-8

## 第三节 混凝土搅拌输送车

混凝土搅拌运输车是在载重汽车底盘上装备一台混凝土搅拌机，也称为汽车式混凝土搅拌机。混凝土搅拌运输车是专门运输混凝土工厂生产的商品混凝土的配套设备。

## 1. 特点

混凝土搅拌运输车的特点是：在运量大、运距远的情况下，能保持混凝土的质量均匀，不发生泌水、分层、离析和早凝现象，适用于机场、道路、水利工程、大型建筑工程施工，是发展商品混凝土必不可少的设备。图 4-9 为混凝土搅拌车。

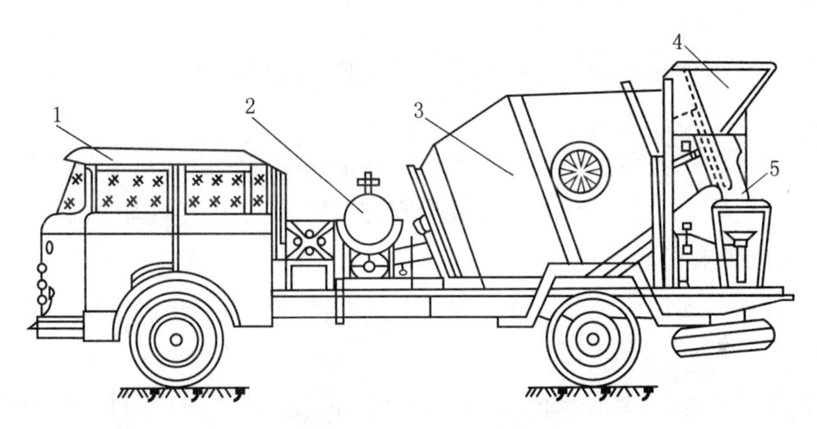


图 4-9 混凝土搅拌车构造图

1—载重汽车；2—水箱；3—搅拌筒；4—装料斗；5—卸料机构

## 2. 使用方式

1）当运送距离小于 10km 时，将拌好的混凝土装入搅拌筒内，在运送途中，搅拌筒不断地作低速旋转，这样，混凝土在筒内便不会产生分层、离析或早凝等现象，保证至工地卸出时混凝土拌合物均匀，这种方法实际上是把混凝土搅拌运输车作为混凝土的专用运输工具使用。

2）当运送距离大于 10km 时，为了减少能耗和机械磨损，可将搅拌楼按配合比要求配好的混凝土干混料直接装入搅拌筒内，拌合用水注入水箱内，待车行至浇筑地点前 15 ～ 20min 行程时，开动搅拌机，将水箱中的水定量注入搅拌筒内进行拌合，即在途中边运输、边搅拌，到浇筑地点卸下拌好的混凝土。

## 3. 使用注意事项

1）搅拌车液压传动系统液压油的压力、油量、油质、油温应达到规定要求，无渗漏现象。

2）搅拌车在露天停放时，装料前应先将搅拌筒反转，排出筒内的积水和杂物。

3）搅拌车在公路上行驶时，接长卸料槽必须翻转后固定在卸料槽上。再转至与车身垂直部位，用销轴与机架固定，防止其由于不固定而引起摆动，打伤行人或影响车辆运行。

4）搅拌车通过桥、洞、库等设施时，应注意通过高度及宽度，以免发生碰撞事故。

5）搅拌车运送混凝土的时间不得超过搅拌站规定的时间。若中途发现水分蒸发，可适当加水，以保证混凝土质量且搅拌装置连续运转时间不应超过 8h。

6）运送混凝土途中，搅拌筒不得停转，以防混凝土产生初凝及离析现象。

7）搅拌筒由正转变为反转时，必须先将操纵手柄放至中间位置，待搅拌筒停转后，再将操纵手柄拉至反转位置。

8）水箱的水量要经常保持装满，以防急用。冬季停车时，要将水箱和供水系统的水放净。

9）装料前，最好先向筒内加少量水，使进料流畅，并可防止黏料搅拌运输时，装载混凝土的质量超过允许载重量。

10）用于搅拌混凝土时，必须在搅拌筒内先加入总水量 2/3 的水，然后再加入集料和水泥进行搅拌。

### 4. 混凝土运输车的故障排除

混凝土搅拌输送车的常见故障及排除方法见表 4-1。

混凝土搅拌车常见故障及排除　　表 4-1

| 故障 | 可能原因 | 排除方法 |
| --- | --- | --- |
| 进料堵塞 | 1）进料搅拌不匀，出现生料<br>2）进料速度过快 | 1）用工具捣通，同时加一些水<br>2）控制进料速度 |
| 搅拌筒不能转动 | 1）机械系统故障，局部卡死<br>2）液压系统故障<br>3）操纵系统失灵 | 检查并排除故障后，再启动 |
| 搅拌筒反转不出料 | 1）料过干，含水量小<br>2）叶片磨损严重 | 1）加水搅拌<br>2）修复或更换叶片 |
| 搅拌筒上、下跳动 | 1）滚道和托轮磨损严重<br>2）轴承座螺栓松动 | 1）修复或更换<br>2）拧紧螺栓 |
| 液压系统有噪声，油泵吸空，油生泡沫 | 1）吸油滤清器堵塞<br>2）进油管路渗漏 | 1）更换滤清器<br>2）检查并排除渗漏 |
| 油温过高 | 1）空气滤清器堵塞<br>2）液压油黏度太大 | 1）清洗或更换滤清器<br>2）更换液压油 |
| 液压系统压力不足，油量太小 | 1）油箱内油量少<br>2）油脏使液压泵磨损<br>3）滤清器失效 | 1）添加至规定量<br>2）清洗或更换<br>3）清洗或更换 |
| 液压系统漏油 | 1）元件磨损<br>2）接头松动 | 1）修复或更换<br>2）拧紧接头管 |
| 操纵失灵 | 1）液压油泵伺服阀磨损<br>2）轮轴接头松动<br>3）操纵机构连接接头松动 | 1）修复或更换<br>2）重新拧紧<br>3）重新拧紧 |

## 第四节 混凝土振动器

通过动力传动，使振动装置产生一定频率的振动，并将这种频率的振动传递给混凝土的机械称为混凝土振动机械。

浇入模板内的混凝土受到一定频率的振动时，混凝土料粒间的摩擦力和粘结力有所下降，于是料粒在自重力的作用下，自行填充料粒间的间隙，排出混凝土内部的空气，提高混凝土的密实度。经过振捣避免混凝土构件中形成气孔，并使构件表面光滑、平整，不致出现麻面和露筋；钢筋混凝土构件浇筑后，经过振捣可以显著地提高钢筋与混凝土的握裹力，保证和增强混凝土的强度。混凝土振动机械对混凝土的振捣作用，不仅保证了工程质量，而且对改善劳动条件，提高模板周转率，加快工程进度都有极为重要的意义。

## 1. 分类

### （1）按传递振动方式分类

根据传递振动方式，混凝土振动机械分为内部振动器、外部振动器、表面振动器和台式振动器。

1）内部振动器也叫振捣棒（图 4-10），可以插入到浇筑混凝土的内部进行振捣，是混凝土浇筑振捣作业使用最普遍的工具。主要用于梁、柱、钢筋加密区浇筑混凝土时进行振捣。

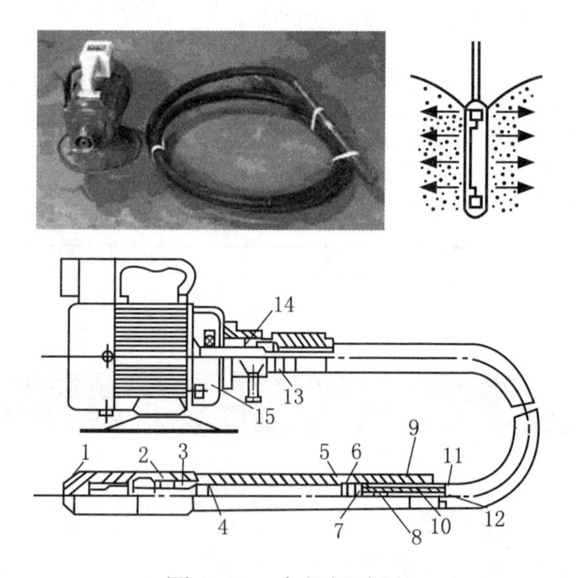


图 4-10 内部振动器

1—尖头；2—滚道；3—套管；4—滚锥；5—油封座；6—油封；7—大间隙轴承；8—软轴接头；9—软管接头；10—锥套；11—软管；12—软轴；13—连接头；14—防逆装置；15—电动机

内部振动器的分类，见表 4-2。

**内部振动器的分类** 表 4-2

| 种类 | 图示 | 说明 |
| --- | --- | --- |
| 电动软轴偏心式振动器 | | 电动软轴偏心式振动器是利用振捣棒中心安装的具有偏心质量的转轴，在高速旋转时产生的离心力通过轴承传递给振捣棒壳体，从而使振捣棒产生圆周振动 |
| 电动软轴行星式振动器 | | 电动软轴行星式振动器是利用振捣棒中一端空悬的转轴，在它旋转时，其下垂端的圆锥部分沿棒壳内的圆锥面滚动，从而形成滚动体的行星运动以驱动棒体产生圆周振动 |

2）外部振动器一般将其固定在现浇混凝土模板上，又称为附着式振动器，如图 4-11 所示。这种振动器常用于薄壳形构件、空心板梁、拱肋和 T 形梁等的施工。

图 4-11　外部振动器

3)表面振动器(图 4-12)也叫板式振捣器，是将振动器的振动部分的底板放在混凝土表面进行振捣，使之密实。主要用于浇筑面积大、厚度小的浇筑面上，如楼板等构件。

将设备直接放在混凝土表面上，振动器 2 产生的振动波通过振捣底板 1 传给混凝土，由于振动波是从混凝土表面传入，故称表面振捣器。工作时由两人握住振捣器的手柄 4，根据需要进行拖移，适用于厚度不大、施工面积大的场所。

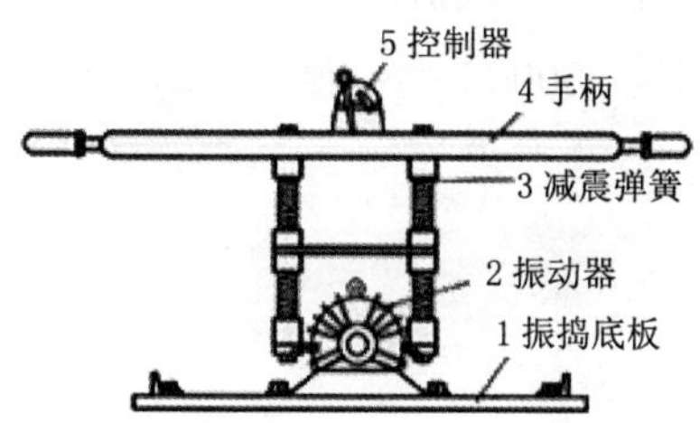


图 4-12　表面振动器

平板式振动器作业时要使平板与混凝土保持接触，使振动波有效地振实混凝土，待表面初浆不再下沉后，即可缓慢向前移动，移动速度以保证混凝土振实初浆为准。在振的振动器不得放在已凝或初凝的混凝土上。

图 4-13　平板式振动器的使用图示

4）台式振动器（图 4-14）即混凝土振动平台，这种振动器适用于混凝土构件预制厂生产梁、柱、板等大型构件或同型大量混凝土构件的振捣。

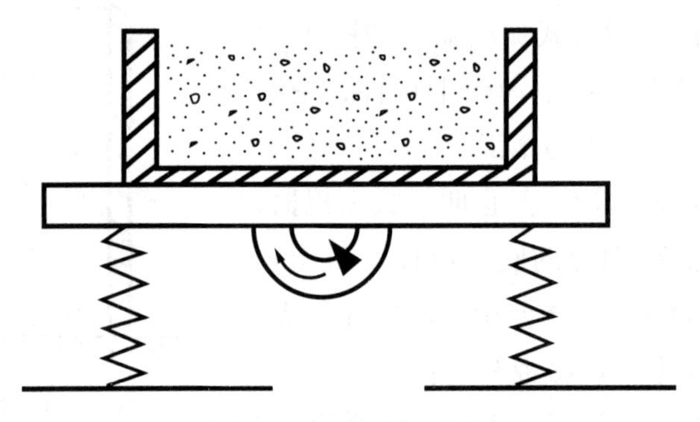

图 4-14　台式振动器

### （2）按振动频率的不同分类

根据振动频率的不同，混凝土振动机械分为低频振动器、中频振动器和高频振动器。低频振动器的振动频率在 2000 ～ 5000 次 /min，中频振动器的振动频率在 5000 ～ 8000 次 /min，高频振动器的振动频率在 8000 ～ 21000 次 /min。

### 2. 插入式振捣器的正确使用和安全操作

1）在接通电源前应检查电动机接线是否正确，导线外皮是否有破损和漏电现象，振动棒连接是否牢固和有无破损，外壳接地保护是否可靠。

2）在使用前应进行试运转，电动机运转方向应与机壳上的箭头方向一致（从风罩端看），当电动机启动后，如软轴不转或转速不稳定，单向离合器中发生响声，说明电动机旋转方向反了。应立即切断电源，将三相进线中的任意两相交换位置即可。

3）电动机运转正常时振动棒应发出“呜呜”的声音，振动稳定有力，如果振动棒有“哗哗”声而不转动时，可将棒头摇晃几下或将振动棒尖头对地面轻轻磕 1 ～ 2 下，待振动棒振动正常后方可插入混凝土中振动。

4）应将振动棒自然地向下沉入混凝土中，不得用力硬推或斜插。操作时两手握住橡胶软管，相距为 400 ～ 500mm 为宜。软轴的弯曲半径不应小于 500mm，急剧的弯折会使软轴、软管受到损伤。

5）振动捧沉入深度一般控制在 350 ～ 400mm，不得将软轴插入混凝土中，以防砂浆侵蚀软管或漏入软管内损坏机件。在工作中，不能将振动棒放在模板或钢筋上，更不准碰撞结构的主筋或硬物，以防模板、钢筋发生走动、位移和变形，致使混凝土产生裂缝或蜂窝。

6）振动棒工作时间不宜过长，更不准长时间空振，一般每工作 30min，应停歇几分钟，待振动棒降温后再使用。

7）不可将软轴和振动棒拖在地上行走，应将软轴搭在肩上，一手提机，另一手拿住振动棒行走。振动器用完后，应清理各部分表面，未有水泥浆凝结，振动器清理完毕后放在干燥处妥善保管。

## 第五节 混凝土运输设备

混凝土水平运输的常用设备有：手推车、机动翻斗车、混凝土搅拌运输车、自卸汽车等。有时也用皮带运输机或吊罐（吊斗）运输。常用的垂直运输设备有井架、塔式起重机混凝土泵。

## 1. 手推车运输

图 4-15 双轮手推车

常用的手推车有独轮手推车和双轮手推车（图 4-15)。独轮手推车可装混凝土 0.04 ～ 0.06m³，双轮手推车一般可装混凝土 0.17m³，使用时注意事项如下：

1）运输路面或车道板应平整，并应随时清扫干净，以免车子振动使混凝土产生离析。

2）运输路面或车道板的坡度，一般不宜大于 15%，一次爬高不宜超过 2 ～ 3m，运距不宜超过 200m。

3）运输途中如混凝土产生离析及和易性损失较大，应进行二次搅拌，雨天或低温下运输混凝土时，车上应加覆盖物。

## 2. 汽车运输

一般采用自卸汽车运输（图 4-16)，如解放牌自卸汽车，其载重量为 3.5t，每车可装 1.2m³。用汽车运输混凝土时的注意事项如下：

1）合适的运输距离为 500 ～ 2000m，道路应保持平整，以免混凝土受振离析。

2）车厢必须严密，混凝土的装载厚度应少于 40cm。

3）每次卸料应尽量将混凝土卸净，并定期清洗车厢。

图 4-16 自卸汽车

## 3. 吊罐（吊斗）运输

吊罐（吊斗）既可作垂直运输又可作水平运输容器，一般先用汽车将装混凝土的吊罐由搅拌站运至现场，再经塔式起重机（图 4-17）或桥式吊车吊运至浇筑地点，也可在工地搭设井架（图 4-18），用卷扬机提升吊斗。

图 4-17 塔式起重机

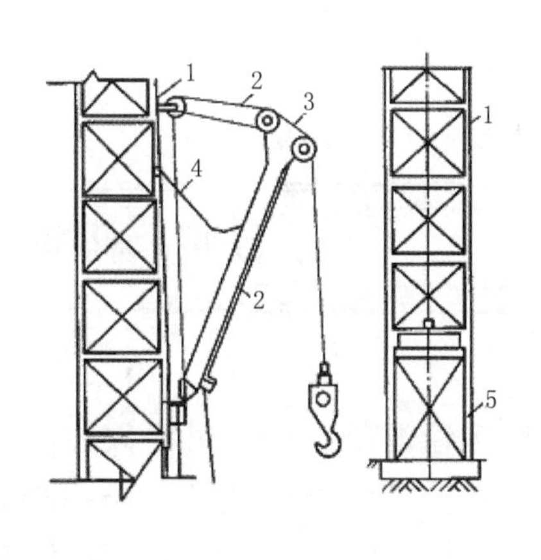


(a) 拔杆式 (b) 吊盘式 (c) 吊斗式

图 4-18 井架运输机

1—井架；2—钢丝绳；3—拔杆；4—安全索；5—吊盘；6—卸料溜槽；7—吊斗；8—吊斗卸料

### (1) 操作程序

操作人员和指导人员必须是经过专业训练合格的人员，挑选合适的混凝土斗和吊斗。运送混凝土时，要把翻斗的安全闸关上，否则水泥浆或石块容易漏出，危害他人的安全，也会影响混凝土的质量。载重量要配合运送距离的远近（图 4-19）。

图 4-19

### （2）利用吊罐（吊斗）运输时的注意事项

1）吊罐（吊斗）出口至浇筑面的高度，一般以 1.5m 为宜。

2）斗门开关必须保持灵活方便，使斗门敞开的大小可自由调节，以便能控制混凝土的出料数量。

## 4. 皮带运输机运输

皮带运输机运输混凝土，适用于大体积混凝土工程，适宜的运距为 300 ～ 400m。常用皮带机的宽度为 40 ～ 60cm，每小时可运输混凝土约 20 ～ 30$m^3$。用皮带机运输混凝土的注意事项如下：

1）运输带的坡度不得超过表 4-3 的规定。

2）尽可能使皮带在满载情况下运输，运输的极限速度不宜超过 1.2m/s。

3）皮带机机头下部应装设刮浆板，卸料处应设挡板或无底箱，使混凝土垂直下落。

4）混凝土坍落度不宜小于 2.5cm，不宜大于 15cm。皮带运输机上应搭设盖棚，避免日晒、雨淋。

运输带的最大倾角 表 4-3

| 坍落度（mm） | 向上输送坡度（°） | 向下输送坡度（°） |
|---|---|---|
| ＜40 | 20 | 12 |
| 40～80 | 15 | 10 |

## 5. 垂直升降机

垂直升降机倒卸混凝土的位置要跟混凝土斗和翻斗配合，并且翻斗要确保稳固。

1）要跟混凝土斗和翻斗配合使用（图 4-20）。

2）翻斗周围和桥板两旁要用胶纸盖好，来防止混凝土在卸斗时或手推车经过时把楼面弄脏（图 4-21）。

图 4-20

图 4-21

注：为了确保工作通道的安全，一定要在坚固的混凝土保护层架上面放上厚厚的以及有足够承重能力的桥板，另外为了避免损坏已经做好的水管和电箱，推手推车的空间一定要足够。

# 第六节 混凝土搅拌站（楼）

## 1. 混凝土搅拌站（楼）的分类

### （1）按结构分类

按其结构不同，可分为移动式的搅拌站和固定式的搅拌楼。建筑施工现场适用移动式的搅拌站。

### （2）按作业形式分类

按其作业形式不同，可分为周期式和连续式两类。周期式的进料和出料系统按一定周期循环进行，连续式的进料和出料则为连续进行的，当前普遍使用的是周期式。

### （3）按工艺布置形式分类

1）单阶式。把砂、石、水泥等物料一次提升到楼顶料仓，各种物料按工艺流程经称量、配料、搅拌，直到制成混凝土拌合料装车外运（图4-22）。搅拌楼自上而下分成料仓层、称量层、搅拌层和底层。单阶式工艺流程合理，生产率高，但要求厂房高，因而投资较大，一般搅拌楼多采用这种形式。

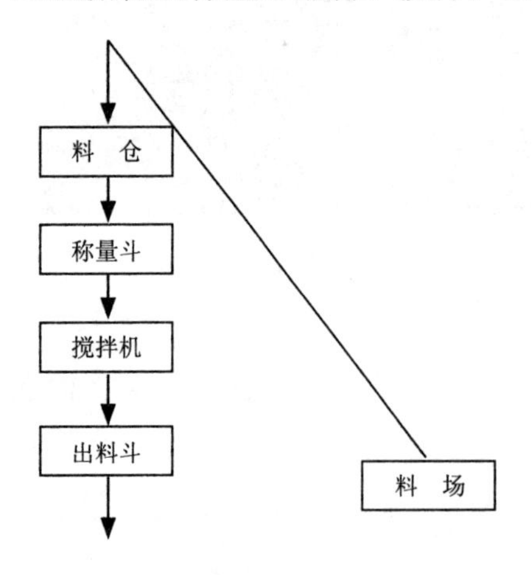

图4-22 单阶式搅拌楼工艺流程示意

2）双阶式。物料的料仓和搅拌设备大体上是在同一水平上。骨料经提升送至料仓，在料仓下进行累计称量和分别称量，然后再用提升斗或带式输送机送到搅拌机内进行搅拌（图4-23）。由于物料需经两次提升，生产率较低，但能使全套设备的高度降低，拆装方便，并可减少投资，一般搅拌站多采用这种形式。

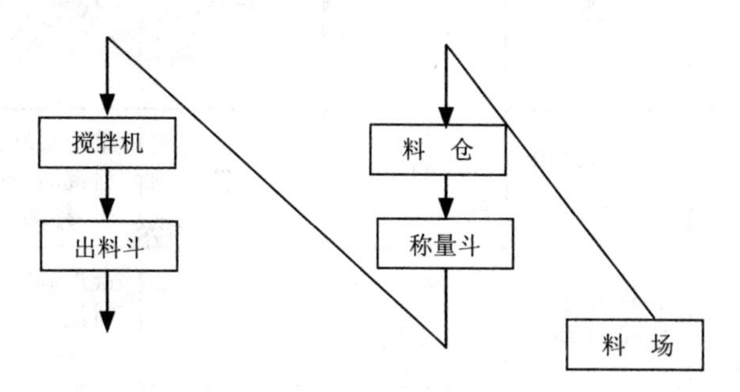


图 4-23 双阶式搅拌站工艺流程示意

## 2. 混凝土搅拌站（楼）的型号

混凝土搅拌站（楼）的型号分类及表示方法见表 4-4。

**混凝土搅拌站（楼）型号分类及表示方法** 表 4-4

| 类 | 组 | 型 | 特性 | 代号 | 代号含义 | 主参数 | |
|---|---|---|---|---|---|---|---|
| | | | | | | 名称 | 单位表示法 |
| 混凝土机械 | 混凝土搅拌楼 HL（楼混） | 锥形反转出料式 Z（锥） | 2（台） | 2HLZ | 锥形反转出料混凝土搅拌楼 | 生产率 | $m^3/h$ |
| | | 锥形倾翻出料式 F（翻） | 2（台）<br>3（台）<br>4（台） | 2HLF<br>3HLF<br>4HLF | 锥形倾翻出料混凝土搅拌楼 | | |
| | | 涡浆式 W（涡） | —<br>2（台） | HLW<br>2HLW | 涡浆式混凝土搅拌楼 | | |
| | | 单卧轴式 D（单） | —<br>2（台） | HLD<br>2HLD | 单卧轴式混凝土搅拌楼 | | |
| | | 双卧轴式 S（双） | —<br>2（台） | HLS<br>2HLS | 双卧轴式混凝土搅拌楼 | | |

续表

<table>
<tr><th rowspan="2">类</th><th rowspan="2">组</th><th rowspan="2">型</th><th rowspan="2">特性</th><th rowspan="2">代号</th><th rowspan="2">代号含义</th><th colspan="2">主参数</th></tr>
<tr><th>名称</th><th>单位表示法</th></tr>
<tr><td rowspan="5">混凝土机械</td><td rowspan="5">混凝土搅拌站 HZ（站混）</td><td>锥形反转出料式 Z（锥）</td><td>—</td><td>HZZ</td><td>锥形反转出料混凝土搅拌站</td><td rowspan="5">生产率</td><td rowspan="5">$m^3/h$</td></tr>
<tr><td>锥形倾翻出料式 F（翻）</td><td>—</td><td>HZF</td><td>锥形倾翻出料混凝土搅拌站</td></tr>
<tr><td>涡桨式 W（涡）</td><td>—</td><td>HZW</td><td>涡桨式混凝土搅拌站</td></tr>
<tr><td>单卧轴式 D（单）</td><td>—</td><td>HZD</td><td>单卧轴式混凝土搅拌站</td></tr>
<tr><td>双卧轴式 S（双）</td><td>—</td><td>HZS</td><td>双卧轴式混凝土搅拌站</td></tr>
</table>

# 第五章 基槽（坑）的开挖

## 第一节 人工开挖

### 1. 主要机具

主要机具：测量仪器、铁锹（尖、平头）、手锤、手推车、梯子、铁镐、撬棍、龙门板、钢尺、坡度尺、小线或20号钢丝等。

### 2. 施工准备

1）土方开挖前，应编制施工方案。当开挖深度范围内遇有地下水时，要有降水施工方案；当开挖土层不能满足整体稳定性要求时，还要编制基坑支护方案。

2）根据施工方案的要求，将施工区域内的地上、地下障碍物清除和处理完毕。

3）基槽和管沟的位置或场地的定位控制线（桩）、标准水平桩及基槽的灰线尺寸，必须经过检验合格，并办完预检手续。

4）场地要清理平整，做好排水坡度，在施工区域内，要挖临时性排水沟。

5）夜间施工时，应合理安排工序，防止错挖或超挖。施工场地应根据需要安装照明设施，在危险地段应设置明显标志。

6）开挖低于地下水位的基槽、管沟时，应根据现场工程地质资料，采取有效措施降低地下水位，一般应降至开挖底面以下 0.5m 为宜，然后再进行开挖。

## 3. 操作工艺

### （1）工艺流程

1）确定开挖顺序和坡度。

2）沿灰线切出槽边轮廓线。

3）分层开挖。

4）修整槽边。

5）清底。

### （2）开挖坡度的确定

1）在天然湿度的土中，开挖基槽和管沟时，当挖土深度不超过下列数值规定时，可不放坡，不加支撑。

① 密实、中密的砂土和碎石类土（填充物为砂土）：1.0m。

② 硬塑、可塑的黏质粉土及粉质黏土：1.25m。

③ 硬塑、可塑的黏土和碎石类土（填充物为黏性土）：1.5m。

④ 坚硬的黏土：2.0m。

2）超过上述规定深度，应采取相应的边坡支护措施，否则必须放坡，边坡最陡坡度应符合相关规定。

3）根据基础形式和土质状况及现场出土等条件，合理确定开挖顺序，然后再分段分层平均下挖。

4）开挖各种浅基础时，如不放坡应先按放好的灰线直边切出槽边的轮廓线。

### （3）开挖各种基槽、管沟

1）浅条形基石。一般黏性土可自上而下分层开挖，每层深度以600mm为宜，从开挖端部逆向倒退按踏步型挖掘；碎石类土先用镐翻松，正向挖掘出土，每层深度视翻土厚度而定。

2）浅管沟。与浅的条形基础开挖基本相同，但沟帮不需切直修平。标高按龙门板上平往下返出沟底尺寸，接近设计标高后，再从两端龙门板下面的沟底标高上返500mm为基准点，拉小线用尺检查沟底标高，最后修整沟底。

3）开挖放坡的基槽或管沟时，应先按施工方案规定的坡度粗略开挖，再分层按放坡坡度要求做出坡度线，每隔3m左右做出一条，以此为准进行铲坡。深管沟挖土时，应在沟帮中间留出宽800mm左右的倒土台。

4）开挖大面积浅基坑时，沿坑三面开挖，挖出的土方装入手推车或翻斗车，运至弃土（存土）地点。

5）土方开挖挖到距槽底500mm以内时，测量放线人员应及时配合抄出距槽底500mm水平标高点；自每条槽端部200mm处，每隔2～3m在槽帮上钉水平标高小木橛。在挖至接近槽底标高时，用尺或事先量好的500mm标准尺杆，随时以小木橛上平校核槽底标高。最后由两端轴线（中心线）引桩拉通线，检查沟槽底部尺寸，确定槽宽标界，据此修整槽帮，最后清除槽底土方，修底铲平。

6）基槽、管沟的直立帮和坡度，在开挖过程和敞露期间应采取措施防止塌方，必要时应加以保护。

7）在开挖槽边弃土时，应保证边坡和直立帮的稳定。当土质良好时，抛于槽边的土方（或材料），应距槽（沟）边缘1.0m以外，高度不宜超过1.5m。在柱基周围、墙基或墙一侧，不得堆土过高。

8）开挖基槽、管沟的土方，在场地有条件堆放时，留足回填需用的好土，多余的土方运出，避免二次搬运。

9）土方开挖一般不宜在雨期进行，工作面不宜过大，应分段逐片分期完工。雨期开挖基槽或管沟时应注意边坡稳定，必要时可适当放缓边坡或设置支撑，并对坡面进行保护。同时应在基槽上口围堰土堤，防止地面水流入。施工时应加强对边坡、支撑、土堤等的检查。

10）土方开挖不宜在冬期施工。如必须在冬期施工时，应编制相应的冬施方案。

11）冬季挖土应采取措施防止土层冻结，挖土要连续快速挖掘、清理。每次挖后下班停歇，应进行覆盖，如停歇时间过长可在冻结前翻松预留一层松土，其厚度宜为250～300mm，并用保温材料覆盖，以防基土受冻。

12）如遇开挖土方引起邻近构筑物（建筑物）的地基和基础暴露时，应采取相应的防冻措施，以防产生冻结破坏。

## 4. 成品保护

1）对定位标准轴线引桩、标准水准点、龙门板等，挖运时不得碰撞，也不得坐在龙门板上休息，并应经常测量和校核其位置、水平标高和边坡坡度是否符合设计要求。

2）土方开挖时，应防止邻近已有建筑物或构筑物、道路、管线等发生下沉或变形。必要时与设计单位或建设单位协商采取保护措施，并在施工中进行沉降和位移观测。

3）施工中如发现有文物或古墓等，应妥善保护，并应立即报请当地有关部门处理，然后方可继续施工。如发现有测量用的永久性标桩或地质、地震部门设置的长期观测点等，应加以保护。在敷设地上或地下管道、电缆的地段进行土方施工时，应事先取得有关管理部门的书面同意，施工中应采取措施，以防止损坏管线。

## 5. 应注意的问题

1）防止基底超挖：开挖基槽或管沟不得超过基底标高，如个别地方超挖时，其处理方法应取得设计单位同意。

2）软土地区桩基挖土应注意的问题：在密集群桩上开挖基坑时，应在打桩完成后间隔一段时间，再对称挖土。在密集桩附近开挖基槽时，应采取措施防止桩基位移及桩顶损坏。

3）基底保护：基槽或管沟开挖后，应尽量减少对地基土的扰动。如基础不能及时施工时，可在基底标高以上留 0.3m 厚土层，待做基础时再挖。

4）合理安排施工顺序：土方开挖宜先从低处开始，分层分段依次进行，形成一定坡度，以利排水。

5）保证开挖尺寸：基槽或管沟底部的开挖宽度，除结构宽度外，应根据施工需要增加工作面宽度，如排水措施、支撑结构所需宽度等。

6）防止基槽或管沟边坡不直不平、基底不平：应加强检查，随挖随修，并要认真验收。

## 第二节 基槽（坑）放坡开挖

在建筑物基坑（槽）或管沟土方施工中，为了防止塌方，保证施工安全，当开挖深度超过一定限度时，则土壁应做成有斜度的边坡，或者加临时支撑以确保土壁的稳定。土方边坡用边坡坡度和坡度系数表示。

边坡坡度以挖土深度 $h$ 与边坡底宽 $b$ 之比表示，工程中常以 $1:m$ 表示放坡情况，其中 $m$ 为坡度系数。

边坡坡度 $= h:b = 1:(b/h) = 1:m$ 或 $m = b/h$。

土方边坡的大小主要与土质、开挖深度、开挖方法、边坡留置时间的长短、坡顶荷载状况、降排水情况及气候条件等有关。根据各层土质及土体所受到的压力，边坡可做成直线形、折线形或阶梯形，以减少土方量。

当土质均匀、湿度正常、地下水位低于基坑（槽）或管沟底面标高，且敞露时间不长时，挖方边坡可做成直立壁不加支撑，其挖方允许深度可以参考表 5-1 的规定。基坑长度应稍大于基础长宽。

当土的湿度、土质及其他地质条件较好且地下水位低于基坑（槽）或管沟底面标高时，挖土深度在 5m 以内可放坡开挖不加支撑的，其边坡的最陡坡度见表 5-2。

**基坑（槽）和管沟直立壁不加支撑时允许深度　　表 5-1**

| 序号 | 土层类别 | 坡高允许值（m） |
| --- | --- | --- |
| 1 | 密实、中密的砂土和碎石类土（填充物为砂土） | 1.00 |
| 2 | 硬塑、可塑的黏质粉土或黏质粉土 | 1.25 |
| 3 | 硬塑、可塑的黏土和碎石类土（填充物为黏性土） | 1.50 |
| 4 | 坚硬的黏土 | 2.00 |

**深度在 5m 内的基槽管沟边坡的最陡坡度　　表 5-2**

| 序号 | 土层类别 | 边坡坡度容许值（高：宽） | | |
| --- | --- | --- | --- | --- |
| | | 坡顶无荷载 | 坡顶有静载 | 坡顶有动载 |
| 1 | 中密的砂土 | 1：1.00 | 1：1.25 | 1：1.50 |
| 2 | 中密的碎石类土（填充物为砂土） | 1：0.75 | 1：1.00 | 1：1.25 |
| 3 | 硬塑的黏质粉土 | 1：0.67 | 1：0.75 | 1：1.00 |
| 4 | 中密的碎石类土（填充物为黏性土） | 1：0.50 | 1：0.67 | 1：0.75 |
| 5 | 硬塑的粉质黏土、黏土 | 1：0.33 | 1：0.50 | 1：0.50 |
| 6 | 老黄土 | 1：0.10 | 1：0.25 | 1：0.33 |
| 7 | 软土（经井点降水后） | 1：1.00 | — | — |

永久性挖方边坡应按设计要求放坡。对使用时间较长的临时性挖方边坡坡度，在山坡整体稳定情况下，如地质条件良好，土质较均匀，其边坡值应符合表 5-3 中的规定。

临时性挖方边坡坡度值　　表 5-3

| 土的类别 | | 边坡坡度（高:宽） |
|---|---|---|
| 砂土（不包括细砂、粉砂） | | 1:1.25～1:1.5 |
| 一般黏性土 | 硬 | 1:0.75～1:1.00 |
| | 硬、塑 | 1:1.00～1:1.25 |
| | 软 | 1:1.50 或更缓 |
| 碎石类土 | 填充坚硬、硬塑黏性土 | 1:0.50～1:1.00 |
| | 填充砂土 | 1:1.00～1:1.50 |

注：当有成熟施工经验时，可不受本表限制。设计有要求时应符合设计标准。如采用降水或其他加固措施，可不受本表限制，但应计算复核。开挖深度，对软土不应超过 4m，对硬土不应超过 8m。

挖土时，土方边坡太陡会造成塌方，反之则增加土方工程量，浪费机械动力和人力，并占用过多的施工场地。因此在开挖土方时，要合理确定土方边坡。

## 第三节 基槽（坑）的检验和探测方法

### 1. 基槽（坑）检验的内容

1）应做好验槽（坑）准备工作，熟悉勘察报告，了解拟建建筑物的类型和特点，研究基础设计图纸及环境监测资料。当遇有下列情况时，应列为验槽（坑）的重点：

① 当持力土层的顶板标高有较大的起伏变化时；

② 基础范围内存在两种以上不同成因类型的地层时；

③ 基础范围内存在局部异常土质或坑穴、古井、老地基或古迹遗址时；

④ 基础范围内遇有断层破碎带、软弱岩脉以及湮废河、湖、沟、坑等不良地质条件时；

⑤ 在雨季或冬季等不良气候条件下施工、基底土质可能受到影响时。

2）验槽（坑）应首先核对基槽（坑）的施工位置。平面尺寸和槽（坑）底标高的容许误差，可视具体的工程情况和基础类型确定。一般情况下，槽（坑）底标高的偏差应控制在0～50mm范围内；平面尺寸，由设计中心线向两边量测，长、宽尺寸不应小于设计要求。

验槽（坑）方法宜采用轻型动力触探或袖珍贯入仪等简便易行的方法，当持力层下埋藏有下卧砂层而承压水头高于基底时，则不宜进行钎探，以免造成涌砂。当施工揭露的岩土条件与勘察报告有较大差别或者验槽（坑）人员认为必要时，可有针对性地进行补充勘察测试工作。

3）基槽（坑）检验报告是岩土工程的重要技术档案，应做到资料齐全，及时归档。

## 2. 基槽（坑）的检验、探测方法

### (1) 观察验槽

首先根据槽体两侧土层分布情况及走向，初步判断全部基底是否已挖至设计要求的土层。

其次检查槽底，对刚开挖的、未受到破坏的原土（若槽不是刚开挖的，就需要先铲去表面已经风干、水浸或受冻的土层），进行结构、湿度、含有物等观察，确定是否为设计的持力土层土质（这需勘察设计方确定），必要时还需进行局部下挖。为保证建筑物重点部位的地基满足设计要求，验槽重点应选择柱基、墙角、承重墙下或受力较大的部位。

然后，从整体上观察槽体的颜色是否均匀一致；土的软硬程度是否一致（可从铲挖槽体土的感觉上判断）；有没有局部含水异常的现象（过干或过湿），走上去有没有颤动的感觉；总之，异常部位都应注意，分析是否对整体有影响。

（2）钎探

观察验槽虽能较直观的对槽底进行检查，但只能观察表层上，而对基槽底下主要受力层，即 2 ～ 3 倍基础宽度的深度范围内，土的变化分布情况还是无法确定，因此，还需进行钎探检查。根据钎探记录逐点进行比较，将锤击数过多或过少的点在平面图上加以标注，然后进行现场检查，重点仍是基础的重要受力部位。对于钎子也应予以注意，有时往往因为使用钎子的不同而造成钎探记录差别较大，当记录异常时，切忌先入为主，而忽略现场条件的客观影响。

## 第四节 素土、灰土、三合土垫层施工

### 1. 素土垫层

（1）施工准备

1）材料准备：

① 土宜优先采用基槽中挖出的土，但不得含有有机杂质，使用前应先过筛，其粒径不大于 15mm。

② 土的含水量应符合规定。根据规范要求，当开挖原土层含水率与最优含水率相差超出 ±2% 时，原现场开挖出土土质就不能满足素土回填要求，需改用灰土回填。

2）主要机械及机具准备：

压路机、装载机、蛙式打夯机、刮杠、耙子、平头铁锹、线绳、钢筋头、水准仪等。

3）作业条件：

① 基坑在铺土前必须先进行普探、验槽，并按设计及勘探部门的要求处

理完地基，办完隐检手续。

② 施工前，应做好水平高程的标志。将控制标高引测至坑壁，在坑壁上每隔5m处打上木橛，以其上平为标高控制点。

### (2) 施工流程

1）检查土料。检查素土及灰土的质量是否符合设计及规范要求。

2）槽底清理。开始铺土前，应将基坑表面清理干净。特别是基坑掉下的虚土，风吹入的树叶、木屑纸片、塑料袋等垃圾杂物。

3）分层铺土。对于压路机碾压不到的部位，在大面积碾压完后，用蛙式打夯机进行夯实。在施工时严格控制虚铺厚度，掌握好标高。

4）夯打密实。每层灰土碾压完后应及时进行环刀取样，测算出灰土的质量密度，达到设计要求时，才能进行上一层施工。

5）找平验收。在最上一层施工完后，应用靠尺及水准仪检查其平整度、标高。对于超高处应用铁锹铲平，低洼处及时补土。

### (3) 成品保护

1）施工时，注意保护建筑物轴线定位桩，防止碰撞位移。

2）夜间施工时，应合理安排施工顺序，要配备足够的照明设施，防止铺填超厚或配合比错误。

### (4) 质量控制要点

1）素土垫层施工前，必须处理完问题坑，并做好隐蔽验收手续，控制好槽底标高，低于设计标高的槽底用素土回填夯实至设计标高处。

2）从槽底设计标高处向上分皮施工，每皮素土的虚铺厚度用红漆标记在槽壁的各个控制点处，每层虚铺时必须用拉线进行控制标高和平整度控制。

3）土采用现场土，土的质量必须符合规范要求，不得含有杂质，粒径不得大于2cm。

4）土的铺摊必须用人工配合小三轮车进行施工，防止由于大型车辆碾压造成槽底出现“橡皮土”现象。

5）每层土虚铺完成后，用12t压路机进行碾压夯实，确保素土的压实系数，压路机碾压的轮距及遍数必须符合规范要求，碾压完成后，对碾压不到的边角部位，用蛙式夯进行补夯，同时，用环刀进行取样，现场测量素土的压实系数，如压实系数不符合设计要求，用压路机继续进行碾压，直到符合设计要求。

6）每层素土施工完成后，必须报监理进行隐蔽验收，待监理签字认可后，方可进行下一道工序的施工。

## 2. 灰土垫层

灰土垫层是用一定比例的石灰与土，充分拌合，分层回填和碾压夯实而成。灰土拌合料的体积比宜为3∶7（熟化石灰∶黏土），或按设计要求配料。

### （1）施工准备

1）材料准备：

① 土：采用黏性土，土内有机质含量不超过5%，土粒必须过筛，要求其颗粒粒径不大于15mm。

② 石灰：采用新鲜的块灰，在使用前1～2d进行消解并过筛，其颗粒粒径不得大于5mm，且不得含有未熟化的生石灰颗粒及其他杂质，也不得含有过多的水分。

2）施工机具准备：

拌合机、打夯机、16t振动式压路机、挖掘机、自卸汽车、机动翻斗车、手推车、铁锹、铁耙、人工夯、环刀、水准仪、塔尺、钢尺等。

### （2）工艺流程

1）土方开挖。土方开挖：采用机械大开挖，先向下挖至1m深，要避免机械开挖超挖，采用人工开挖向下挖0.2m至设计标高。待有关部门验收合格后进行三七灰土施工。

2）灰土拌制。灰土的配合比一般采用3∶7（石灰∶土，体积比），石灰和土料应计量，使达到均匀、颜色一致。适当控制含水量，现场以手握成团，两指轻捏即散为宜，如土料水分过多或过少时，应晾干或洒水湿润。

3）灰土铺设。灰土虚铺厚度一般不超过 300mm（夯实后约 200mm 厚），各层厚度钉标桩控制，压实采用压路机，碾压遍数一般不少于 6 遍，边角处压路机压实不到的位置采用蛙式夯机进行人工夯实，应根据设计要求的干密度，在现场试验确定。

4）质量验收。灰土应逐层检查，用环刀取样检验灰土的干密度，检验点数，对大面积每 $1000m^2$ 以上工程不应少于 3 点，灰土最小干密度（$t/m^3$）：对黏土为 1.45；粉质黏土 1.50；粉土 1.55。灰土夯实后，压实系数不小于 0.97。

### （3）质量控制标准

1）灰土材料的质量：熟化石灰颗粒粒径不大于 5mm，黏土（或粉质土、粉土）内不含有有机物质，颗粒粒径不大于 15mm。

2）表面平整度：8mm，用 2m 靠尺和楔形塞尺检查。

3）标高：±10mm，用水准仪检查。

4）厚度：在个别地方不大于设计厚度的 1/10，尺量检查。

5）成品保护：

① 施工时应注意对定位定高的标准桩、尺、线的保护，不得触动、移位。

② 垫层铺设完毕后，应尽快进行面层施工，防止长期暴晒。

③ 刚施工完的垫层，雨天应做好临时覆盖，3 天内不得受雨水浸泡。

④ 已铺好的垫层不得随意挖掘，不得堆放重物。

### （4）雨期施工

灰土应连续施工，尽快完成，施工中应有防雨排水措施，刚打完的或尚未夯实的灰土，如遭受雨淋浸泡，应将积水和松散灰土除去，并补填夯实；受浸泡的灰土应晾干后再夯打密实。

### （5）施工注意事项

1）灰土施工使用块灰必须充分熟化，按要求过筛，以免颗粒过大，熟化时体积膨胀将垫层胀裂，造成返工。

2）灰土施工时每层应测定夯实后土的干密度，检验取压实系数和压实范围，符合设计要求后才能继续作业，避免出现干密度达不到设计要求的质量事故。

3）灰土铺设、熟化石灰和石灰过筛，操作人员应戴口罩、风镜、手套、套袖等劳动保护用品。

4）碾压灰土前，应先检查压路机性能是否良好。

5）在运输、堆放、施工土料过程中应注意避免扬尘、遗撒、沾带等现象，应采取遮盖、封闭、洒水、冲洗等必要措施。

6）运输、施工所用车辆、机械的废气、噪声等应符合环保要求。

7）用电设备必须做到一机一闸一保护。

8）所有进入现场人员必须正确佩戴合格安全帽。

9）施工现场一切电源、电路安装拆除必须由持证电工操作，所有设备必须使用四芯橡胶电缆。

10）所有进入现场作业人员必须做到三不伤害：不伤害别人；不伤害自己；不被别人伤害。不熟练的机手（包括新机手）严禁单独操作设备。

11）严禁穿拖鞋、带儿童进入现场，设备传动皮带必须有防护罩，杜绝一切事故发生。

## 3. 三合土垫层

三合土垫层是用一定比例的石灰、砂与碎砖或碎石充分拌合，分层回填和碾压夯实而成。

### （1）施工准备

1）材料准备

① 石灰应为消石灰，应充分熟化过筛，粒径不得大于5mm，不得含有生石灰块。

② 碎砖或外石的抗压极限强度不应小于$50kg/cm^2$，其粒径不应大于60mm，且不得大于垫层厚度的2/3，并不得含有有机杂质。

③ 砂应选中砂，并不得含有草根等有机物；碎砖不得采用风化、酥松和含有有机杂质的砖料。

2）主要机具设备准备

根据土质和施工条件，应合理选用适当的摊铺、平整、碾压、夯实机具设备和辅助用具，以能达到设计要求为基本原则，兼顾进度、经济要求。

常用机具设备有：蛙式打夯机、柴油打夯机，手推车、筛子、木耙、铁锹、小线、钢尺、胶皮管等；工程量较大时，装运土方机械有：铲土机、自卸汽车、推土机、铲运机及翻斗车等。

### （2）工艺流程

1）检验石灰、砂、砖质量。

2）实验确定施工参数。

3）技术交底。

4）准备机具设备。

5）基底清理。

6）过筛。

7）灰砂砖拌合。

8）分层铺筑、耙平。

9）分层夯实。

10）检验密实度。

11）修整找平验收。

### （3）操作工艺

1）铺筑前应将基底地坪上的杂物、浮土清理干净。

2）检验石灰的质量，确保粒径和熟化程度符合要求；检验碎砖的质量，其粒径不得大于60mm。

3）拌合：灰、砂、砖的配合比应用体积比，应按照实验确定的参数或设计要求控制配合比。拌合时必须均匀一致，至少翻拌两次，拌合好的土料颜色应一致。

4）三合土施工时应适当控制含水量，如砂水分过大或过干，应提前采取晾晒或洒水等措施。

5）填土应分层摊铺：每层铺土厚度应根据土质、密实度要求和机具性能通过压实实验确定。作业时，应严格按照实验所确定的参数进行。每层摊铺后，随之耙平。

6）回填土每层的夯压遍数：根据压实实验确定。打夯应一夯压半夯，夯夯相接，行行相连，纵横交叉。

7）三合土分段施工时，应留成斜坡接槎，并夯压密实；上下两层接槎的水平距离不得小于 500mm。

8）三合土每层夯实后应按规范进行检验，测出压实度（密实度）；达到要求后，再进行上一层的铺土。

9）垫层全部完成后，应进行表面拉线找平，凡超过标准高程的地方，及时依线铲平；凡低于标准高程的地方，应补土夯实。

### （4）质量控制要点

1）三合土垫层下土层不应被扰动，或扰动后未能恢复初始状态，清除被扰动土。三合土垫层在硬化期间应避免受水浸湿。

2）作业应连续进行，尽快完成。在雨期应有防雨措施，防止遭到雨水浸泡；冬期应有保温防冻措施，防止受冻。

3）在雨、雪、低温、强风条件下，在室外或露天不宜进行三合土垫层作业。

4）凡检验不合格的部位，均应返工纠正，并制定纠正措施，防止再次发生。

5）三合土垫层采用先拌合后铺设的方法时，其配合比应符合设计要求。拌合应均匀一致，每层虚铺厚度不应大于 150mm，并应铺平夯实，夯实后的厚度一般为虚铺厚度的 3/4。

6）三合土垫层采用先铺设碎料后灌砂浆的方法时，碎料应分层铺设，并适当洒水湿润。每层虚铺厚度不大于 120mm，并应铺平拍实，然后灌以 1∶2 ～ 4 的石灰砂浆，再行夯实。

### （5）安全环境保护措施

1）推土机上下坡时的坡度不得超过 35°，横坡不得超过 10°。推土机在建筑物附近工作时，与建筑物的墙、柱、台阶等的距离不得小于 1m。

2）铲运机行驶时，驾驶室外不得载人。在新填土堤上作业时，铲斗离坡边不得小于 1m。铲运机上下坡的坡度不得超过 25°，横坡不得超过 6°。

3）机械行驶时不得上下人员及传递物件，严禁在陡坡上转弯、倒行或停车，下坡时不得用空挡滑行。停车或在坡道上熄火时，必须将车刹住，刀片、铲斗落地。

4）蛙式打夯机手柄上应装按钮开关并包以绝缘材料，操作时应戴绝缘手套。打夯机必须使用绝缘良好的橡胶绝缘软线，作业中严禁夯击电源线。

5）在坡地或松土层上打夯时，严禁背着牵引。操作中，夯机前方不得站人。几台同时工作时，各机之间应保持一定的距离，平行不得小于 5m，前后不得小于 10m。暂停工作时，应切断电源。电气系统及电动机发生故障时，应由专职电工处理。

6）在运输、堆放、施工土料和石灰过程中应注意避免扬尘、遗撒、沾带等现象，应采取遮盖、封闭、洒水、冲洗等必要措施。

7）运输、施工所用车辆、机械的废气、噪声等应符合环保要求。

# 第六章 混凝土配合比设计和搅拌

## 第一节 混凝土配合比设计遵循的原则

混凝土配合比设计应遵循以下几条原则：

1）混凝土配合比应综合考虑混凝土强度等级、耐久性能和施工性能等要求，在满足混凝土强度、耐久性能和施工性能要求的条件下则应采用低水泥用量和低用水量的原则进行设计。

2）对于有抗冻、抗渗、抗氯离子侵蚀和化学腐蚀等耐久性要求的混凝土配合比设计，还应符合国家现行标准《混凝土结构耐久性设计规范》（GB/T 50476—2008）、《普通混凝土配合比设计规程》（JGJ 55—2011）等标准的有关规定。标准中对冻融环境、氯离子侵蚀环境等条件下的混凝土配合比设计参数均有明确的规定。

3）冬期施工应按照不同的负温进行配合比设计，有关参数可按《建筑工程冬期施工规程》（JGJ/T 104—2011）执行。

4）配合比设计和试配所用的原材料应与施工采用的原材料一致，并应符合国家现行相关标准的要求。试配时可对原材料按照相关标准进行检测。

5）配合比设计时的混凝土性能试验应当按照现行国家标准《普通混凝土拌合物性能试验方法标准》（GB/T 50080—2002）、《普通混凝土力学性能试验方法标准》（GB/T 50081—2002）和《普通混凝土长期性能和耐久性能试验方法标准》（GB/T 50082—2009）的相关规定进行。

# 第二节 普通混凝土配合比设计方法和步骤

## 1. 配合比设计方法

我国现行的《普通混凝土配合比设计规程》中采用了绝对体积法和假定重量法两种配合比设计方法。所谓绝对体积法（简称“体积法”）是根据填充理论进行设计的。即将混凝土按体积配制粗骨料，细骨料填充粗骨料空隙并考虑混凝土的工作性能确定砂率，根据强度要求及其他要求确定用胶量和水胶比的混凝土配制方法。重量法则是假定混凝土的重量，考虑混凝土不同要求，采用不同重量比的设计方法。

## 2. 配合比设计步骤

1）计算混凝土配制强度，并求出相应的水胶比。

2）选取每立方米混凝土的用水量，并计算出每立方米混凝土的水泥用量。

3）选取砂率，计算粗骨料和细骨料的用量，并提出供试配用的计算配合比。

4）混凝土配合比试配。

5）混凝土配合比调整。

6）混凝土配合比确定。

7）根据粗骨料与细骨料的实际含水量，调整计算配合比，确定混凝土施工配合比。

## 3. 配合比设计的三个参数

混凝土的配合比设计，实质上就是确定水、有效胶凝材料、粗骨料（石子）、细骨料（砂）这4项组成材料用量之间的三个对比关系，即三个参数。也就是水和有效胶凝材料之间的比例——水胶比；砂和石子间的比例——砂率；骨料与水泥浆之间的比例——单位用水量。在配合比设计中能正确确定这三个基本参数，就能使混凝土满足配合比设计的4项基本要求。

### （1）水胶比

水与胶凝材料总量之间的对比关系，用水与胶凝材料用量的重量比来表示，见表6-1。

**结构混凝土材料的耐久性基本要求（设计使用年限为50年）　　表6-1**

| 环境类别 | 条件 | 最大水胶比 | 最低强度等级 | 最大氯离子含量（%） | 最大碱含量（kg/m³） |
|---|---|---|---|---|---|
| 一 | 室内干燥环境；无侵蚀性净水浸没环境 | 0.60 | C20 | 0.30 | 不限制 |
| 二a | 室内潮湿环境；非严寒和非寒冷地区的露天环境；非严寒和非严寒地区与无侵蚀性的水或土壤直接接触的环境；严寒和寒冷地区的冰冻线以下与无侵蚀性的水或土壤直接接触的环境 | 0.55 | C25 | 0.20 | 3.0 |
| 二b | 干湿交替环境；水位频繁变动环境；严寒和寒冷地区的露天环境；严寒和寒冷地区冰冻线以上与无侵蚀性的水或土壤直接接触的环境 | 0.50（0.55） | C30（C25） | 0.15 | |
| 三a | 严寒和寒冷地区冬季水位变动区环境；受除冰盐影响环境；海风环境 | 0.45（0.50） | C35（C30） | 0.15 | |
| 三b | 盐渍土环境；受除冰作用环境；海岸环境 | 0.40 | C40 | 0.10 | |

注：处于严寒和寒冷地区二b、三a类环境中的混凝土应使用引气剂，并可采用括号中的有关参数。

### （2）砂率

砂子与石子之间的对比关系，用砂子重量占砂石总重的百分数来表示。

### （3）单位用水量

水泥净浆与骨料之间的对比关系，用 1m³ 混凝土的用水量来表示。

因此，水胶比、砂率、单位用水量就称为混凝土配合比设计的三个参数。确定混凝土配合比三个参数的原则，如图 6-1 所示。

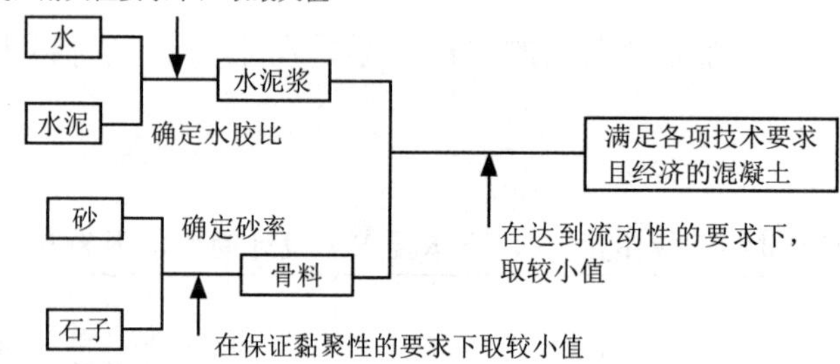


图 6-1　确定混凝土配合比三个参数原则示意图

## 第三节 特殊混凝土配合比设计

### 1. 抗渗混凝土

1）抗渗混凝土的原材料应符合下列规定：

① 水泥宜采用普通硅酸盐水泥。

② 粗骨料宜采用连续级配，其最大公称粒径不宜大于 40.0mm，含泥量不得大于 1.0%，泥块含量不得大于 0.5%。

③ 细骨料宜采用中砂，含泥量不得大于 0.3%，泥块含量不得大于 1.0%。

④ 抗渗混凝土宜掺用外加剂和矿物掺合料，粉煤灰等级应为Ⅰ级或Ⅱ级。

2）抗渗混凝土配合比应符合下列规定：

① 最大水胶比应符合表 6-2 的规定。

② 每立方米混凝土中的胶凝材料用量不宜小于 320kg。

③ 砂率宜为 35% ～ 45%。

抗渗混凝土最大水胶比　　表 6-2

| 设计抗渗等级 | 最大水胶比 | |
|---|---|---|
| | C20 ～ C30 | C30 以上 |
| P6 | 0.60 | 0.55 |
| P8 ～ P12 | 0.55 | 0.50 |
| ＞P12 | 0.50 | 0.45 |

3）配合比设计中混凝土抗渗技术要求应符合下列规定：

① 配制抗渗混凝土要求的抗渗水压值应比设计值提高 0.2MPa。

② 抗渗试验结果应满足下式要求：

$$P_t \geqslant \frac{P}{10} + 0.2$$

式中 $P_t$——6 个试件中不少于 4 个未出现渗水时的最大水压值，MPa；

$P$——设计要求的抗渗等级值。

4）掺用引气剂或引气型外加剂的抗渗混凝土，应进行含气量试验，含气量宜控制在 3.0% ～ 5.0%。

## 2. 抗冻混凝土

### （1）抗冻混凝土的原材料

1）水泥应采用硅酸盐水泥或普通硅酸盐水泥。

2）粗骨料宜选用连续级配，其含泥量不得大于 1.0%，泥块含量不得大于 0.5%。

3）细骨料含泥量不得大于 0.3%，泥块含量不得大于 1.0%。

4）粗、细骨料均应进行坚固性试验，并应符合《普通混凝土用砂、石质量及检验方法标准》（JGJ 52—2006）的规定。

5）抗冻等级不小于 F100 的抗冻混凝土宜掺用引气剂。

6）在钢筋混凝土和预应力混凝土中不得掺用含有氯盐的防冻剂；在预应力混凝土中不得掺用含有亚硝酸盐或碳酸盐的防冻剂。

## （2）抗冻混凝土配合比

1）最大水胶比和最小胶凝材料用量应符合表 6-3 的规定。

**最大水胶比和最小胶凝材料用量** **表 6-3**

| 设计抗冻等级 | 最大水胶比 | | 最小胶凝材料用量（kg/m³） |
|---|---|---|---|
| | 无引气剂时 | 掺引气剂时 | |
| F50 | 0.55 | 0.60 | 300 |
| F100 | 0.50 | 0.55 | 320 |
| 不低于 F150 | — | 0.50 | 350 |

2）复合矿物掺合料最大掺量宜符合表 6-4 的规定。

**复合矿物掺合料最大掺量** **表 6-4**

| 水胶比 | 最大掺量（%） | |
|---|---|---|
| | 采用硅酸盐水泥时 | 采用普通硅酸盐水泥时 |
| ≤0.40 | 60 | 50 |
| ＞0.40 | 50 | 40 |

3）掺用引气剂的混凝土最小含气量应符合《普通混凝土配合比设计规程》（JGJ 55—2011）的规定。

## 3. 高强混凝土

1）高强混凝土的原材料应符合下列规定：

① 水泥应选用硅酸盐水泥或普通硅酸盐水泥。

② 粗骨料宜采用连续级配，其最大公称粒径不宜大于25.0mm，针片状颗粒含量不宜大于5.0%，含泥量不应大于0.5%，泥块含量不应大于0.2%。

③ 细骨料的细度模数宜为2.6～3.0，含泥量不应大于2.0%，泥块含量不应大于0.5%。

④ 宜采用减水率不小于25%的高性能减水剂。

⑤ 宜复合掺用粒化高炉矿渣粉、粉煤灰和硅灰等矿物掺合料；粉煤灰等级不应低于Ⅱ级；对强度等级不低于C80的高强混凝土宜掺用硅灰。

2）高强混凝土配合比应经试验确定，在缺乏试验依据的情况下，配合比设计宜符合下列规定：

① 水胶比、胶凝材料用量和砂率可按表6-5选取，并应经试配确定。

水胶比、胶凝材料用量和砂率　　表6-5

| 强度等级 | 水胶比 | 胶凝材料用量（kg/m$^3$） | 砂率（%） |
|---|---|---|---|
| ≥C60，＜C80 | 0.28～0.34 | 480～560 | 35～42 |
| ≥C80，＜C100 | 0.26～0.28 | 520～580 | |
| ＜C100 | 0.24～0.26 | 550～560 | |

② 外加剂和矿物掺合料的品种、掺量，应通过试配确定；矿物掺合料掺量宜为25%～40%；硅灰掺量不宜大于10%。

③ 水泥用量不宜大于500kg/m$^3$。

3）在试配过程中，应采用三个不同的配合比进行混凝土强度试验，其中一个可为依据相关数据计算后调整拌合物的试拌配合比，另外两个配合比的水胶比，宜较试拌配合比分别增加和减少0.02。

4）高强混凝土设计配合比确定后，尚应采用该配合比进行不少于三盘混凝土的重复试验，每盘混凝土应至少成型一组试件，每组混凝土的抗压强度不应低于配制强度。

5）高强混凝土抗压强度测定宜采用标准尺寸试件，使用非标准尺寸试件时，尺寸折算系数应经试验确定。

## 4. 泵送混凝土

1）泵送混凝土所采用的原材料应符合下列规定：

① 水泥宜选用硅酸盐水泥、普通硅酸盐水泥、矿渣硅酸盐水泥和粉煤灰硅酸盐水泥。

② 粗骨料宜采用连续级配，其针片状颗粒含量不宜大于 10%；粗骨料的最大公称粒径与输送管径之比宜符合表 6-6 的规定。

**粗骨料的最大公称粒径与输送管径之比　　表 6-6**

| 粗骨料品种 | 泵送高度（m） | 粗骨料最大公称粒径与输送管径之比 |
|---|---|---|
| 碎石 | ＜50 | ≤1∶3.0 |
| | 50～100 | ≤1∶4.0 |
| | ＞100 | ≤1∶5.0 |
| 卵石 | ＜50 | ≤1∶2.5 |
| | 50～100 | ≤1∶3.0 |
| | ＞100 | ≤1∶4.0 |

③ 细骨料宜采用中砂，其通过公称直径为 315μm 筛孔的颗粒含量不宜少于 15%。

④ 泵送混凝土应掺用泵送剂或减水剂，并宜掺用矿物掺合料。

2）泵送混凝土配合比应符合下列规定：

① 胶凝材料用量不宜小于 $300kg/m^3$。

② 砂率宜为 35%～45%。

3）泵送混凝土试配时应考虑坍落度经时损失。

### 5. 大体积混凝土

1）大体积混凝土所用的原材料应符合下列规定：

① 水泥宜采用中、低热硅酸盐水泥或低热矿渣硅酸盐水泥，水泥的 3d 和 7d 水化热应符合《中热硅酸盐水泥　低热硅酸盐水泥　低热矿渣硅酸盐水泥》（GB 200—2003）规定。当采用硅酸盐水泥或普通硅酸盐水泥时，应掺加矿物掺合料，胶凝材料的 3d 和 7d 水化热分别不宜大于 240kJ/kg 和 270kJ/kg。水化热试验方法应按《水泥水化热测定方法》（GB/T 12959—2008）执行。

② 粗骨料宜为连续级配，最大公称粒径不宜小于 31.5mm，含泥量不应大于 1.0%。

③ 细骨料宜采用中砂，含泥量不应大于 3.0%。

2）当采用混凝土 60d 或 90d 龄期的设计强度时，宜采用标准尺寸试件进行抗压强度试验。

3）大体积混凝土配合比应符合下列规定：

① 水胶比不宜大于 0.55，用水量不宜大于 175kg/m$^3$。

② 在保证混凝土性能要求的前提下，宜提高每立方米混凝土中的粗骨料用量；砂率宜为 38% ～ 42%。

③ 在保证混凝土性能要求的前提下，应减少胶凝材料中的水泥用量，提高矿物掺合料掺量。

4）在配合比试配和调整时，控制混凝土绝热温升不宜大于 50℃。

5）大体积混凝土配合比应满足施工对混凝土凝结前时间的要求。

## 第四节 混凝土的搅拌

### 1. 搅拌要点

搅拌装料顺序为石子—水泥—砂。每盘装料数量不得超过搅拌筒标准容量的 10%。

在每次用搅拌机拌合第一罐混凝土前，应先开动搅拌机空车运转，运转正常后，再加料搅拌。拌第一罐混凝土时，宜按配合比多加入 10% 的水泥、水、细骨料的用量；或减少 10% 的粗骨料用量，使多余的砂浆布满鼓筒内壁及搅拌叶片，防止第一罐混凝土拌合物中的砂浆偏少。

在每次用搅拌机开拌之始，应注意监视与检测开拌初始的前二、三罐混凝土拌合物的和易性。如不符合要求时，应立即分析情况并处理，直至拌合物的和易性符合要求，方可持续生产。

当开始按新的配合比进行拌制或原材料有变化时，亦应注意开拌鉴定与检测工作。

使用外加剂时，应注意检查核对外加剂品名、生产厂名、牌号等。使用时一般宜先将外加剂制成外加剂溶液，并预加入拌合水中，当采用粉状外加剂时，也可采用定量小包装外加剂另加载体的掺用方式。当用外加剂溶液时，应经常检查外加剂溶液的浓度，并应经常搅拌外加剂溶液，使溶液浓度均匀一致，防止沉淀。溶液中的水量，应包括在拌合用水量内。

混凝土用量不大，而又缺乏机械设备时，可用人工拌制。拌制一般应在铁板或包有白铁皮的木制拌板上进行操作，如用木制拌板时，宜将表面刨光，镶拼严密，使其不漏浆。拌合要先干拌均匀，再按规定用水量随加水随湿拌至颜色一致，达到石子与水泥浆无分离现象为准。当水胶比不变时，人工拌制要比机械搅拌多耗 10% ～ 15% 的水泥。

## 2. 拌合物性能要求

混凝土拌合物的质量指标包括稠度、含气量、水胶比、水泥含量及均匀性等。各种混凝土拌合物应检验其稠度。检测结果应符合表 6-7 的规定。

**混凝土稠度的分级及其允许偏差值** 表 6-7

| 稠度分类 | 级别名称 | 级别符号 | 测值范围（mm） | 允许偏差（mm） |
|---|---|---|---|---|
| 坍落度（mm） | 低塑性混凝土 | T1 | 10 ～ 40 | ±10 |

续表

| 稠度分类 | 级别名称 | 级别符号 | 测值范围（mm） | 允许偏差（mm） |
|---|---|---|---|---|
| 坍落度（mm） | 塑性混凝土 | T2 | 50 ～ 90 | ±20 |
| | 流动性混凝土 | T3 | 100 ～ 500 | ±30 |
| | 大流动性混凝土 | T4 | ≥ 160 | ±30 |
| 维勃稠度（s） | 超干硬性混凝土 | V0 | ≥ 31 | ±6 |
| | 特干硬性混凝土 | V1 | 30 ～ 21 | ±6 |
| | 干硬性混凝土 | V2 | 20 ～ 11 | ±4 |
| | 半干硬性混凝土 | V3 | 10 ～ 5 | ±3 |

掺引气型外加剂的混凝土拌合物应检验其含气量。一般情况下，根据混凝土所用粗骨料的最大粒径，其含气量的检测指标不宜超过表 6-8 的规定。

**混凝土的含气量最大限值　　表 6-8**

| 粗骨料最大颗粒（mm） | 混凝土含气量最大限值（%） |
|---|---|
| 10 | 7.0 |
| 15 | 6.0 |
| 20 | 5.5 |
| 25 | 5 |
| 30 ～ 40 | 4.5 |
| 50 | 4 |
| 80 | 3.5 |
| 150 | 3 |

有时根据需要检验混凝土拌合物的水胶比和水泥含量。实测的水胶比和水泥含量应符合配合比设计要求。

混凝土拌合物应满足拌合均匀，颜色一致，不得有离析、泌水现象等要求。其检测结果应符合表 6-9 的要求。

混凝土拌合物均匀性指标 表 6-9

| 检查项目 | 指标 |
| --- | --- |
| 混凝土中砂浆密度测值的相对误差 | ≤ 0.8% |
| 单位体积混凝土中粗骨料含量测值的相对误差 | ≤ 5% |

## 3. 特殊季节混凝土拌制

### （1）冬期施工

冬期施工时，投入混凝土搅拌机中各种原材料的温度往往不同，要通过搅拌，使混凝土内温度均匀一致。

投入混凝土搅拌机中的骨料不得带有冰屑、雪团及冻块。否则，会影响混凝土中用水量的准确性和破坏水泥石与骨料之间的粘结。当水需加热时，还会消耗大量热能，降低混凝土的温度。

当需加热原材料以提高混凝土的温度时，应优先采用将水加热的方法。因为水的加热简便，且水的热容量大，其比热容约为砂、石的 4.5 倍，故将水加热是最经济、最有效的方法。只有当加热水达不到所需的温度要求时，才可依次对砂、石进行加热。水泥不得直接加热，使用前宜事先运入暖棚内存放。

水可在锅中或锅炉中加热，或直接通入蒸汽加热。骨料可用热炕、铁板、通汽蛇形管或直接通入蒸汽等方法加热。水及骨料的加热温度应根据混凝土搅拌后的最终温度要求，通过热工计算确定，其加热最高温度不得超过表 6-10 的规定。

拌合水及骨料加热最高温度 表 6-10

| 项目 | 拌合水（℃） | 骨料（℃） |
| --- | --- | --- |
| 强度等级＜ 52.5 的普通硅酸盐水泥、矿渣硅酸盐水泥 | 80 | 60 |
| 强度等级≥ 52.5 的普通硅酸盐水泥、硅酸盐水泥 | 60 | 40 |

当骨料不加热时，水可加热到100℃。但搅拌时，为防止水泥“假凝”，水泥不得与80℃以上的水直接接触。因此，投料时，应先投入骨料和已加热的水，稍加搅拌后，再投入水泥。

采用蒸汽加热时，蒸汽与冷的混凝土材料接触后放出热量，本身凝结为水。混凝土要求升高的温度越高，凝结水也越多。该部分水应该作为混凝土搅拌用水量的一部分来考虑。

### （2）雨期施工

雨期施工期间要勤测粗细骨料的含水量，随时调整用水量和粗细骨料的用量。夏期施工时砂石材料尽可能加以遮盖，至少在使用前不受烈日暴晒，必要时可采用冷水淋洒，使其蒸发散热。

## 4. 泵送混凝土的拌制

泵送混凝土宜采用混凝土搅拌站供应的预拌混凝土，也可在现场设置搅拌站供应泵送混凝土；但不得采用手工搅拌的混凝土进行泵送。

泵送混凝土的交货检验，应在交货地点，按国家现行标准《预拌混凝土》的有关规定进行交货检验；现场拌制的泵送混凝土供料检验，宜按国家现行标准《预拌混凝土》的有关规定执行。

在寒冷地区冬期拌制泵送混凝土时，除应满足《混凝土泵送施工技术规程》的规定外，尚应制定冬期施工措施。

## 5. 混凝土搅拌质量要求

在搅拌工序中，拌制的混凝土拌合物的均匀性应按要求进行检查。在检查混凝土均匀性时，应在搅拌机卸料过程中，从卸料流出的1/4～3/4之间部位采取试样。检测结果应符合下列规定：

1）混凝土中砂浆密度，两次测值的相对偏差不应大于 0.8%。

2）单位体积混凝土中粗骨料含量，两次测值的相对偏差不应大于 5%。

混凝土搅拌的最短时间应符合相关的规定，混凝土搅拌时间每一工作班至少应抽查两次。

混凝土搅拌完毕后，应按下列要求检测混凝土拌合物的各项性能：

1）混凝土拌合物的稠度，应在搅拌地点和浇筑地点分别取样检测。每工作班不应少于 1 次。评定时应以浇筑地点的为准。

在检测坍落度时，还应观察混凝土拌合物的黏聚性和保水性，全面评定拌合物的和易性。

2）根据需要，如果应检查混凝土拌合物的其他质量指标时，检测结果也应符合各自的要求，如含气量、水胶比和水泥含量等。

# 第七章 混凝土浇筑作业的基础知识

## 第一节 坍落度和混凝土强度的测定

为了确保混凝土的质量能符合工程施工的要求，承建商对运至现场的混凝土要进行的测试，详见表 7-1。

**运至施工现场的混凝土的测试** **表 7-1**

| 项目 | 图示及说明 |
|---|---|
| 温度 | 直接插入混凝土中 3 ～ 5min 后取出，迅速读数。温度计与视线成水平。 |
| 坍落度测试 | 操作程序：放平钢板和坍落度筒→润湿坍落度筒→装填混凝土混合料→捣实→刮平→提筒→测量→记录。<br> |

续表

| 项目 | 图示及说明 |
| --- | --- |
| 坍落度测试 | 1）放平钢板和坍落度筒：在混凝土搅拌机前找一块平整场地，将钢板放置平整，并将坍落度筒放在钢板上面。<br>2）润湿坍落度筒：在放入混凝土混合料以前将坍落度筒内用清水润湿，然后将钢板面上用湿布擦净。<br>3）装填混凝土混合料：在混凝土搅拌机出料时，随机抽取一份试样，并分三次、三层装入筒内，每次装料高度应稍高于坍落度筒高度的 1/3。<br>4）捣实：每装一层用捣棒垂直插捣 25 次，直到第三层插捣完毕。<br>5）刮平：三层捣实完毕后，将筒上端溢出的混凝土用抹刀刮去，并抹平表面。<br>6）提筒：将坍落度筒垂直向上慢慢提起，并将坍落度筒放在已经坍落的混凝土试样一旁。<br>7）测量：用一根较长平直的木尺，放在坍落度筒上端，保持木尺水平状，然后用钢尺量出坍落度筒上端面至混凝土试样顶面中心的垂直距离。<br>8）记录：用事先准备好的表格纸，将每次测量的混凝土坍落度详细记录下来，以便鉴定混凝土坍落度值是否符合设计要求。 |
| 混凝土的和易性 | 混凝土的和易性针对拌合物的稠度而言，包括混凝土中砂、石、水、水泥便于搅拌的性能；也是自重流动，即易运输、易浇密、易抹平和不离析（砂石沉淀到下面，水漂浮在上层）等一系列性能的综合。概括起来说，和易性好的混凝土就是用最小的功能浇出最密实的混凝土。因此，和易性很难用某一项技术指标来确切表达，而是由流动性、黏聚性、保水性等性质组成的一个总体概念。<br>流动性是指混凝土拌合物流动的性能，流动性大，混凝土容易拌合，便于运输，易于填满模板，易于捣实。通常用稠度表示。<br>黏聚性，是指混凝土拌合物在运输、浇筑过程中，有一定的黏聚力，不产生分层离析，使混凝土获得整体均匀的性能。<br>保水性是指混凝土拌合物在施工过程中，具有一定的保涵水的能力，从而使混凝土不致产生较严重的析水（或称泌水）现象的性能。 |
| 混凝土的强度 | 1）取 3 个试块的强度平均值（精确至 0.01MPa）。<br>2）当 3 个试块强度值中的最大值或最小值之一与中间值之差的绝对值超过中间值的 15% 时，该组试件强度取中间值。<br>3）当 3 个试块强度值中的最大值和最小值与中间值之差的绝对值均超过中间值的 15% 时，该组试件强度作废。不应作为强度评定依据。  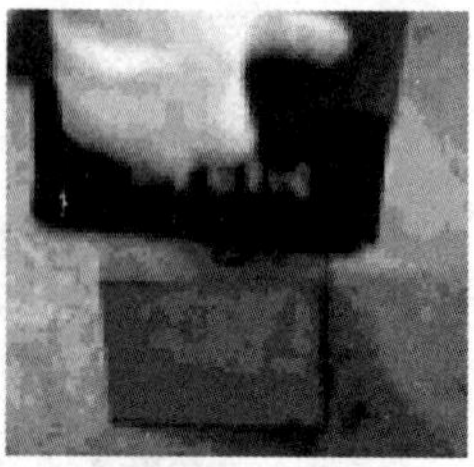 |

# 第二节 混凝土浇筑的注意事项

## 1. 浇筑前的准备工作

1）混凝土浇筑前，应对其模板及支架、钢筋和预埋件进行细致地检查，并做好自检和工序交接记录（图 7-1）。

2）准备和检查材料、机具、运输道路是否符合要求，设备运行状态良好。

3）清除模板内垃圾、泥土及钢筋上油污，木模板在浇筑前要浇水，并且保证没有积水。模板上的洞孔、缝隙要事先封堵（图 7-2）。

图 7-1

图 7-2

4）听从管理人员进行安全教育和技术指导，振捣手要明确位置。

5）浇筑之前应检查混凝土坍落度，泵送施工时更应检查（图 7-3）。

6）冬期施工要检查供热、保暖材料设备等。

图 7-3

## 2. 混凝土浇筑的要点

1）浇筑混凝土时，应注意防止混凝土的分层离析。

混凝土由料斗、漏斗内卸出进行浇筑时，其自由倾落的高度不应超过2m，若自由下落高度超过2m，要沿溜槽或串筒下落（图7-4）。

当混凝土浇筑高度超过8m时，则应采用节管的振动串筒。即在串筒上每隔2～3节管上安装一台振动器（图7-5）。

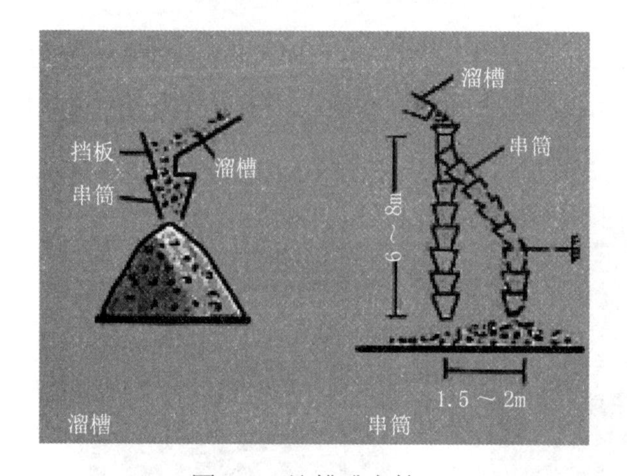


图7-4 溜槽或串筒

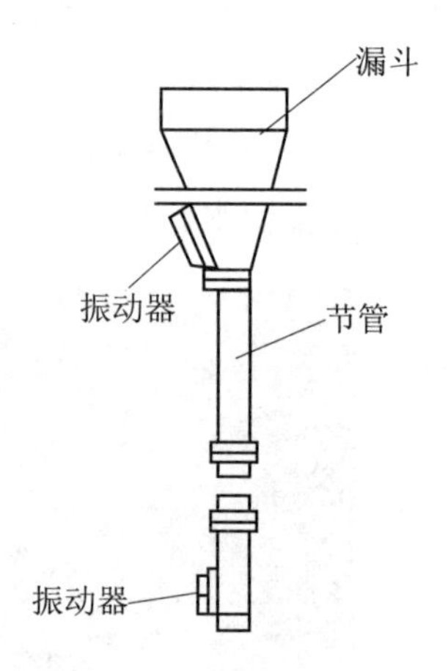


图7-5 节管振动串筒

2）其次，为了使混凝土振捣密实，必须分层浇筑，每层浇筑厚度与捣实方法、结构的配筋情况有关。

3）竖向结构的浇筑：在竖向结构比如说墙、柱中浇筑混凝土，若浇筑高度超过2m时，应采用溜槽或串筒。墙、柱等竖向构件浇筑前，先垫50～100mm厚砂浆，这样做混凝土结合良好，又可以避免烂根、蜂窝麻面现象。

竖向构件与水平构件连续浇筑时，应该竖向构件初步沉实后大约1～1.5h，再浇水平构件（图7-6）。

4）浇筑混凝土应连续进行。当必须间歇时，其间歇时间宜缩短，并应在前层混凝土凝结之前，将次层混凝土浇筑完毕。间歇的最长时间应按水泥品种及混凝土凝结条件确定，也就是说混凝土从搅拌机中卸出，经运输和浇筑完毕的延续时间不得超过相关规定。

5）浇筑混凝土时，应经常观察模板、支架、钢筋、预埋件和预留孔洞的情况。

当发现有变形、移位时，立即停止浇筑，并在已浇筑的混凝土凝结前修整完好。

6）在降雨雪时不宜露天浇筑混凝土。如需浇筑时，应采取遮盖等有效措施，以确保混凝土质量。

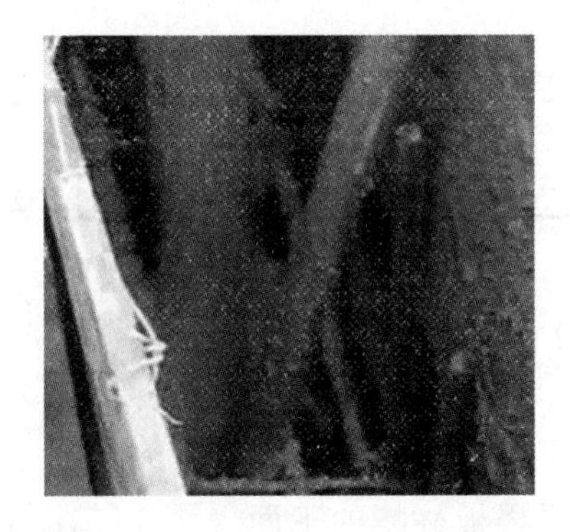

图 7-6

### 3. 浇筑间歇时间

一般情况下，混凝土运输、浇筑及间歇的全部时间不得超过表 7-2 的规定，当超过时应留置施工缝。

混凝土运输、浇筑和间歇的时间（min） 表 7-2

| 混凝土强度等级 | 气温 | |
|---|---|---|
| | ≤ 25℃ | ＞ 25℃ |
| ≤ C30 | 210 | 180 |
| ＞ C30 | 180 | 150 |

## 第三节 施工缝的设置

工程实践中由于施工技术和施工组织上的原因，不能连续将结构整体浇筑完成，并且间歇的时间预计将超出表 7-2 规定的时间时，应预先选定适当的部位设置施工缝。

施工缝的位置应设置在结构受剪力较小且便于施工的部位。

## 1. 施工缝留设

### （1）柱

柱的施工缝留在基础的顶面、梁或吊车梁牛腿的下面，或吊车梁的上面、无梁楼板柱帽的下面（图 7-7）；在框架结构中如梁的负筋弯入柱内，则施工缝可留在这些钢筋的下端。

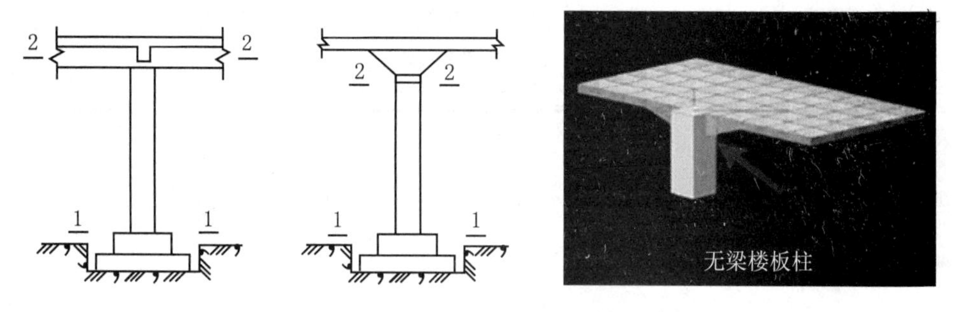


图 7-7 柱的施工缝位置

1—1、2—2 为施工缝位置

### （2）梁板、肋形楼板

1）与板连成整体的大截面梁，留在板底面以下 20 ～ 30mm 处；当板下有梁托时，留在梁托下部。单向板可留置在平行于板的短边的任何位置（但为方便施工缝的处理，一般在跨中 1/3 跨度范围内）。

2）有主、次梁的肋形楼板，宜顺着次梁方向浇筑，施工缝留置在次梁跨度中间 1/3 范围内与之相交叉的部位（图 7-8）。

3）有主、次梁的双向受力楼板（图 7-9），厚大结构、拱形结构、多层钢架及复杂结构，施工缝的位置应按照设计要求留置。

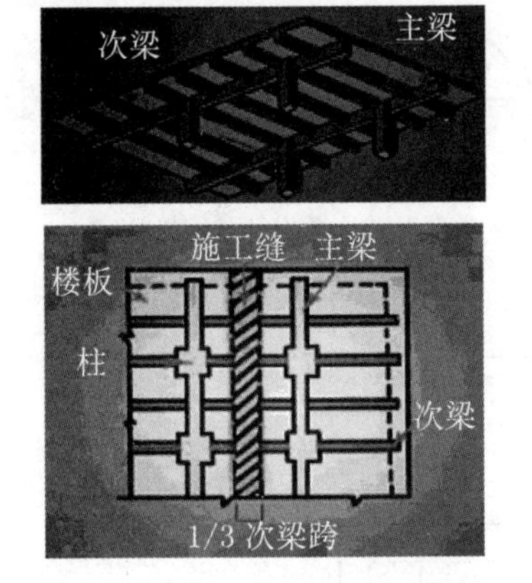


图 7-8 有主、次梁肋形楼板施工缝留置

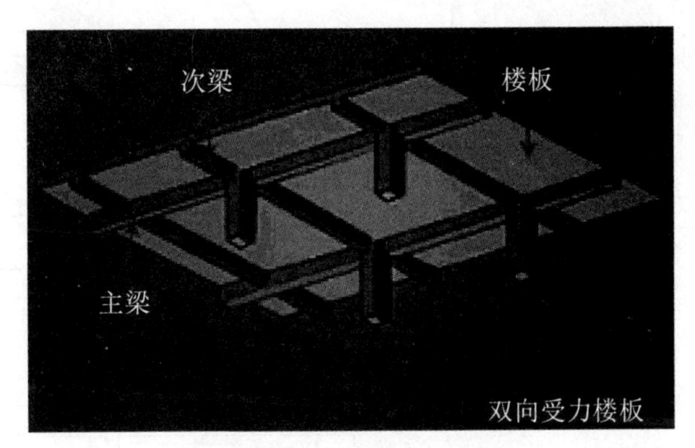


图 7-9 双向受力楼板

### （3）墙

墙施工缝宜留置在门洞口过梁跨中 1/3 范围内，也可留在纵横墙的交接处。

### （4）楼梯、圈梁

1）楼梯施工缝留设在楼梯段跨中 1/3 跨度范围内无负弯矩筋的部位。

2）圈梁施工缝留在非砖墙交接处、墙角、墙垛及门窗洞范围内。

### （5）箱形基础

箱形基础的底板、顶板与外墙的水平施工缝应设在底板顶面以上及顶板底面以下 300 ～ 500mm 为宜，接缝宜设钢板、橡胶止水带或凸形企口缝；底板与内墙的施工缝可设在底板与内墙交接处；而顶板与内墙的施工缝位置应视剪力墙插筋的长短而定，一般 1000mm 以内即可；箱形基础外墙垂直施工缝可设在离转角 1000mm 处，采取相对称的两块墙体一次浇筑施工，间隔 5 ～ 7d，待收缩基本稳定后，再浇另一相对称墙体。内隔墙可在内墙与外墙交接处留施工缝，一次浇筑完成，内墙本身一般不再留垂直施工缝，如图 7-10 所示。

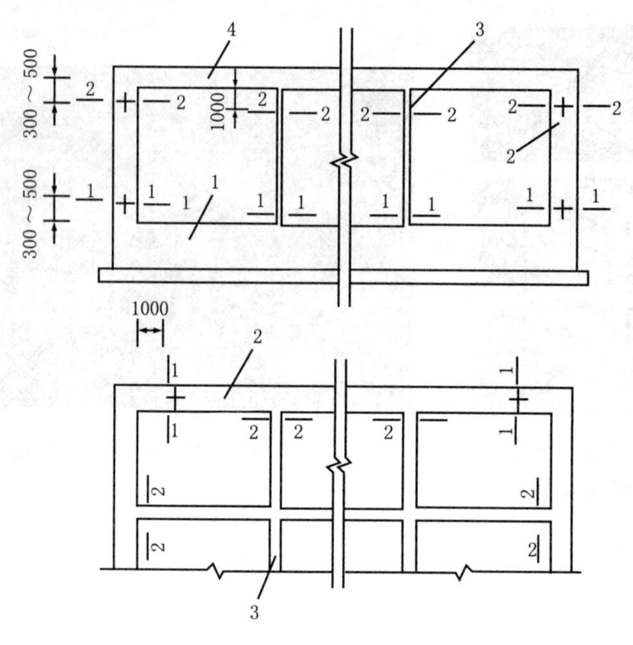


图 7-10 箱形基础施工缝的留置

1—底板；2—外端；3—内隔墙；4—顶板
1—1、2—2 为施工缝位置

## (6) 地坑、水池

底板与立壁施工缝，可留在立壁上距坑底板混凝土面上部 200 ～ 500mm 的范围内，转角宜做成网角或折线形；顶板与立壁施工缝留在板下部 20 ～ 30mm 处，如图 7-11（a）；大型水池可从底板、池壁到顶板在中部留设后浇带，使之形成环状，如图 7-11（b）。

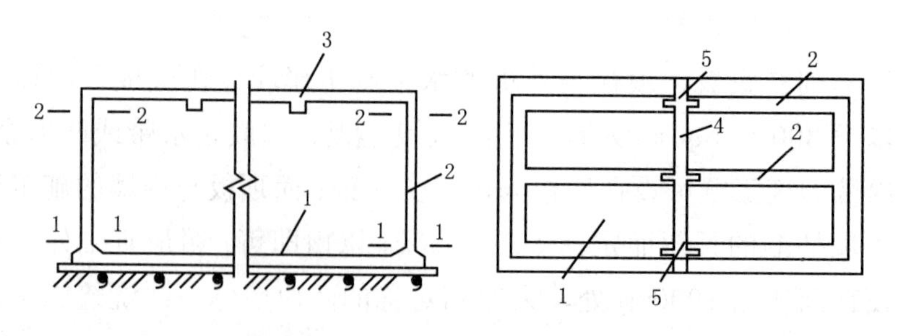


（a）水平施工缝留置　（b）后浇带留置（平面）

图 7-11 地坑、水池施工缝的留置

1—底板；2—墙壁；3—顶板；4—底板后浇带；
5—墙壁后浇带；1—1、2—2 为施工缝位置

## (7) 地下室、地沟

1) 地下室梁板与基础连接处，外墙底板以上和上部梁、板下部 20 ～ 30mm 处可留水平施工缝，如图 7-12 (a)，大型地下室可在中部留环状后浇缝。

2) 较深基础悬出的地沟，可在基础与地沟、楼梯间交接处留垂直施工缝，如图 7-12 (b)；很深的薄壁槽坑，可每 4 ～ 5m 留设一道水平施工缝。

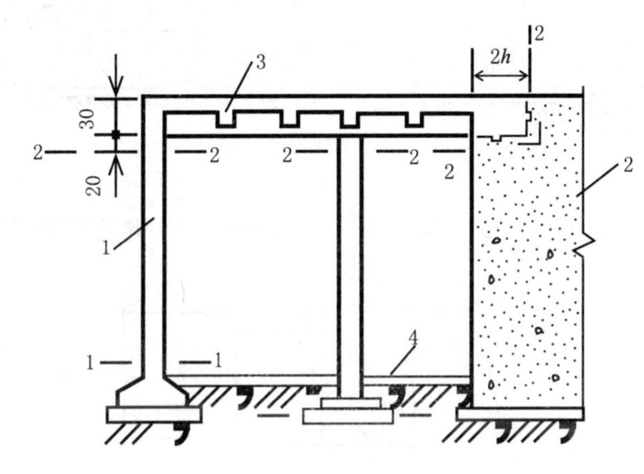


(a) 地下室

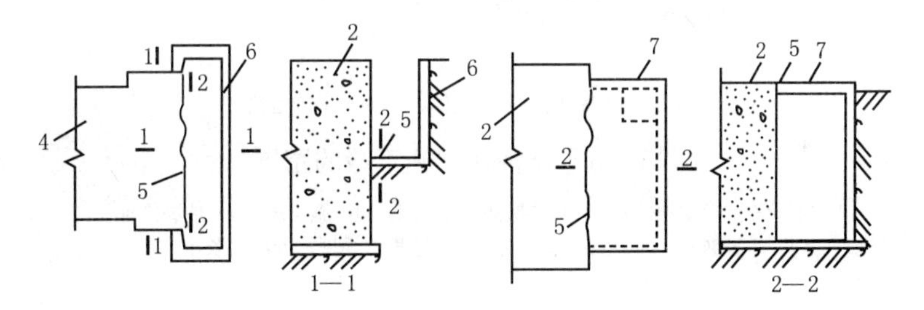


(b) 地沟、楼梯间

图 7-12 地下室、地沟、楼梯间施工缝的留置

1—地下室墙；2—设备基础；3—地下梁板；4—底板或地坪；
5—施工缝；6—地沟；7—楼梯间；1—1、2—2 为施工缝位置

## (8) 大型设备基础

1) 受动力作用的设备基础互不相依的设备与机组之间、输送辊道与主基础之间可留垂直施工缝，但与地脚螺栓中心线间的距离不得小于 250mm，且不得小于螺栓直径的 5 倍，如图 7-13 (a)。

2) 水平施工缝可留在低于地脚螺栓底端，其与地脚螺栓底端的距离应大

于 150mm；当地脚螺栓直径小于 30mm 时，水平施工缝可留置在不小于地脚螺栓埋入混凝土部分总长度的 3/4 处，如图 7-13（b）；水平施工缝亦可留置在基础底板与上部地体或沟槽交界处，如图 7-13（c）。

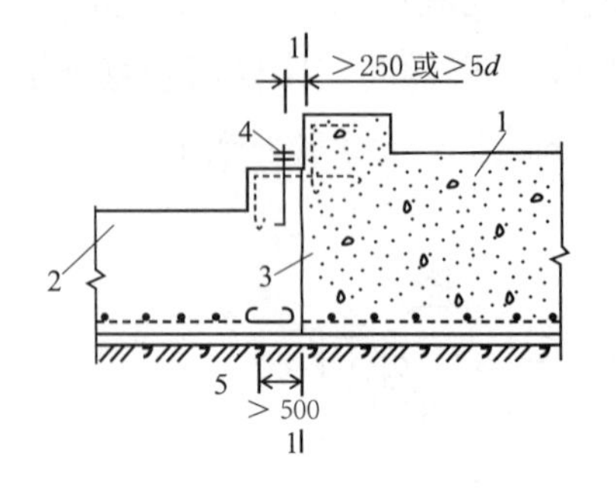


（a）两台机组之间适当地方留置施工缝

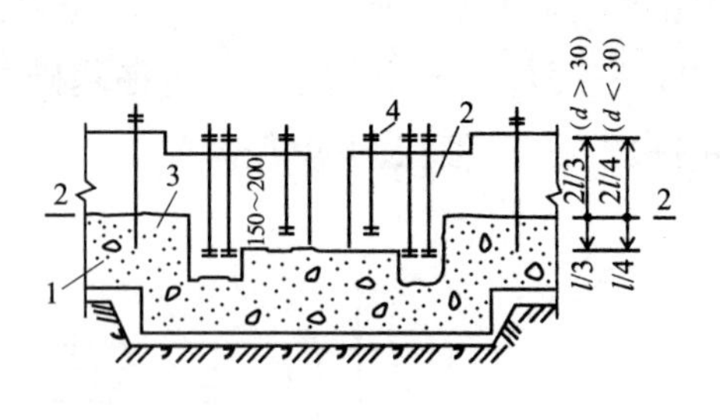


（b）基础分两次浇筑施工缝留置

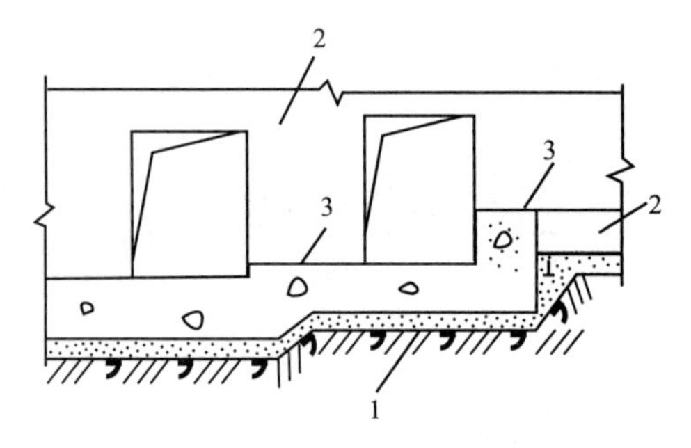


（c）基础底板与上部地体、沟槽施工缝留置

图 7-13 设备基础施工缝的留置

1—第一次浇筑混凝土；2—第二次浇筑混凝土；3—施工缝；4—地脚螺栓；5—钢筋；$d$—地脚螺栓直径；$l$—地脚螺栓埋入混凝土长度

3）对受动力作用的重型设备基础不允许留施工缝时，可在主基础与辅助设备基础、沟道、辊道之间受力较小部位留设后浇缝，如图 7-14。

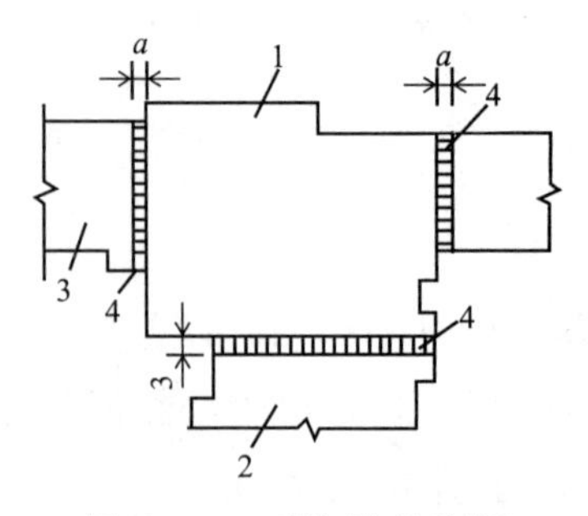


图 7-14 后浇缝的留置

1—主体基础；2—辅助基础；3—沟道；4—后浇缝

## 2. 施工缝的处理要点

1）首先，由有关工作人员鉴定，保证现浇的混凝土强度不低于 1.2N/$mm^2$，才可接着浇筑（图 7-15）。

2）其次，在已经硬化的混凝土表面上，继续浇筑混凝土之前，应清除垃圾、水泥薄膜、表面上松动砂石和软弱混凝土层，同时还应加以凿毛，用水冲洗干净并充分湿润，残留在混凝土表面的积水应清除（图 7-16）。

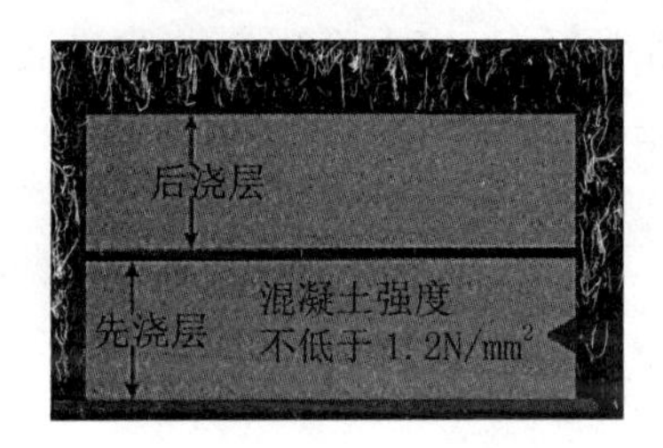


图 7-15

图 7-16

3）注意在施工缝位置附近围弯钢筋时，做到钢筋周围的混凝土不松动、不损坏，钢筋上的油污、水泥砂浆以及浮锈等杂物，也应当清除（图 7-17）。

4）在浇筑前，水平施工缝宜先铺上 10 ～ 15mm 厚的水泥砂浆一层，其配合比与混凝土内的砂浆成分相同（图 7-18）。

5）浇混凝土时，细致捣实，令新旧混凝土紧密结合。

图 7-17

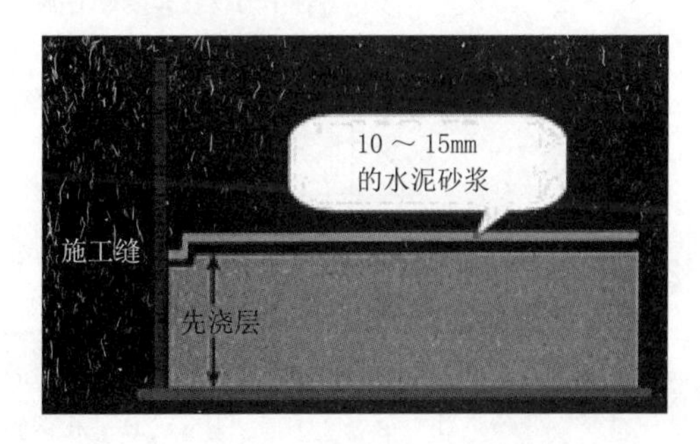


图 7-18

## 第四节 混凝土的振捣

1）每一振点的振捣持续时间，应使混凝土表面呈现浮浆和不再沉落为宜。

2）当采用插入式振动器时，捣实普通混凝土的移动间距，不宜大于振动器作用半径的1.5倍，如图7-19所示。捣实轻骨料混凝土的移动间距，不宜大于其作用半径；振动器与模板的距离，不应小于其作用半径的0.5倍，并应避免碰撞钢筋、模板、预埋件等；振动器插入下层混凝土内的深度应不小于50mm。一般每点振捣时间为20～30s，使用高频振动器时，最短不应少于10s，应使混凝土表面成水平不再显著下沉，不再出现气泡，表面泛出灰浆为准。振动器插点要均匀排列，可采用“行列式”或“交错式”（图7-20）的次序移动，不应混用，以免造成混乱而发生漏振。

振捣棒的振捣方式有两种：

① 垂直振捣。即振捣棒与混凝土表面垂直，如图7-21所示。

② 斜向振捣。即振捣棒与混凝土表面成40°～45°，如图7-22所示。

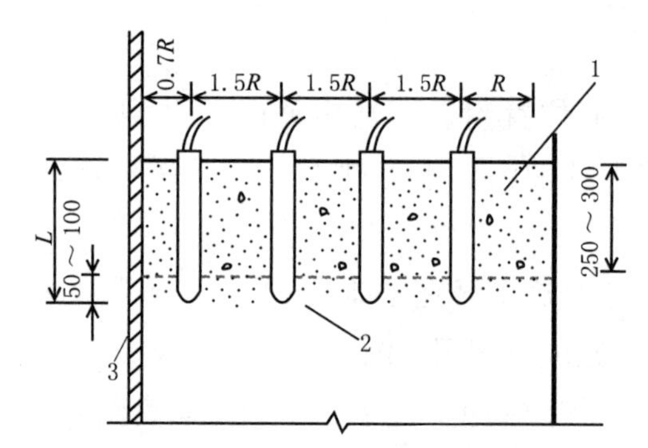


图7-19 插入式振动器的插入深度

1—新浇筑的混凝土；2—下层已振捣但尚未初凝的混凝土；3—模板

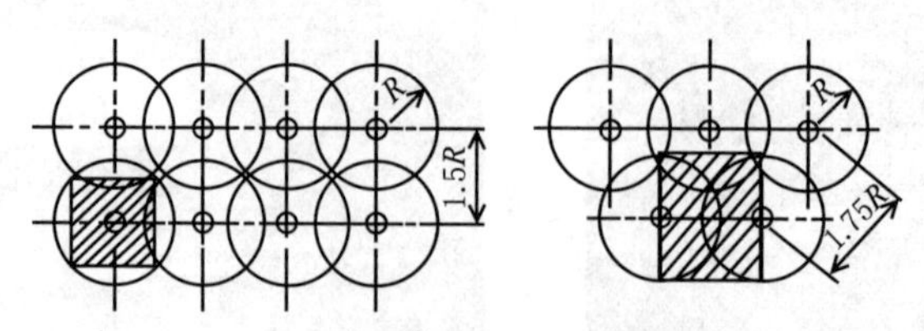


（a）行列式 （b）交错式

图7-20 振捣点的布置

R—振动棒有效作用半径

图 7-21 垂直振捣

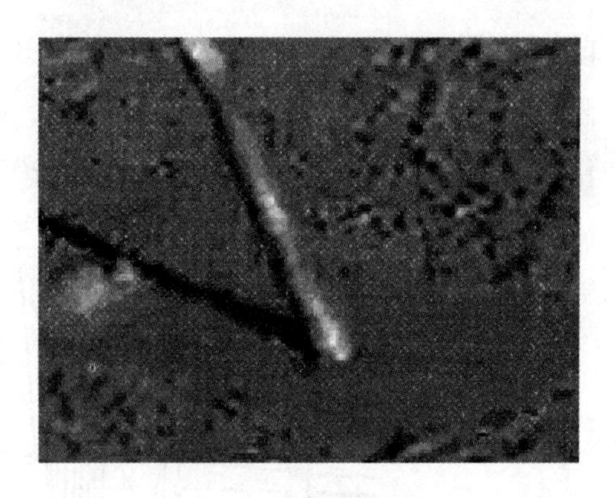

图 7-22 斜向振捣

插入式振动棒操作时，应做到“快插慢拔”。快插是为了防止表面混凝土先振实，而下面的混凝土发生分层现象，振动棒必须快速插入混凝土中；慢拔是为了使混凝土能填满振动棒抽出时形成的洞。振动棒插入混凝土后应上下抽动，以使混凝土上下振捣均匀。

混凝土分层浇筑时，每层混凝土厚度不应超过振动棒部分长度的 1.25 倍；在振捣上一层时，为了消除两层之间的接缝，振动棒应插入下一层 50 ～ 100mm，如图 7-23 所示。

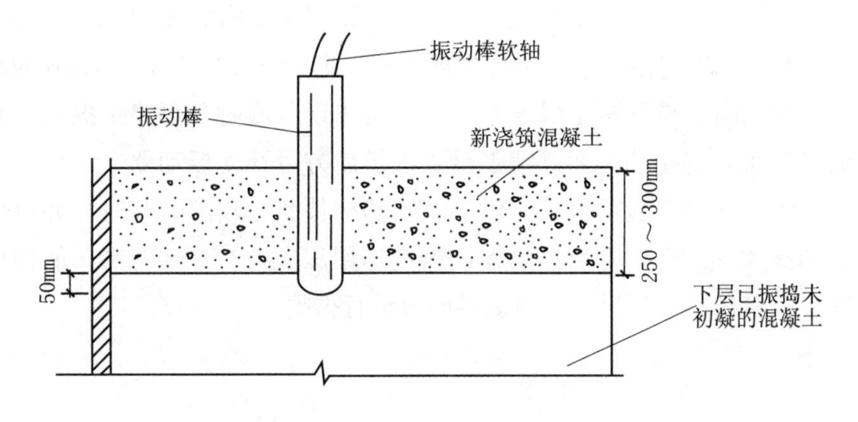


图 7-23 振动棒的插入

振捣棒距离模板不应大于振捣棒的作用半径的 0.7 倍，也不宜紧靠模板振动（图 7-24），而且应尽量避免碰撞钢筋、芯管、吊环、预埋件等。

3）采用表面振动器时，在每一个位置上应连续振动一定时间，正常情况下在 25 ～ 40s，但以混凝土面均匀出现浆液为准，移动时应成排依次振动前进，前后位置和排与排间相互搭接应有 30 ～ 50mm，防止漏振。振动倾斜混凝土表面时，应由低处逐渐向高处移动，以保证混凝土振实。表面振动器的有效作用深度，在无筋及单筋平板中为 200mm，在双筋平板中约为 120mm。

图 7-24 振捣棒不宜紧靠模板振动

4）采用外部振动器时，振动时间和有效作用随结构形状、模板坚固程度、混凝土坍落度及振动器功率大小等各项因素而定。一般每隔 1 ～ 1.5m 的距离设置一个振动器。当混凝土成一水平面不再出现气泡时，可停止振动。必要时应通过试验确定振动时间。待混凝土入模后方可开动振动器。混凝土浇筑高度要高于振动器安装部位。当钢筋较密和构件断面较深较窄时，亦可采取边浇筑边振动的方法。外部振动器的振动作用深度在 250mm 左右，如构件尺寸较厚时，需在构件两侧安设振动器同时进行振捣。

## 第五节 工作缝的处理

工作缝的处理，见表 7-3。

工作缝的处理　　表 7–3

| 方法 | 图示及说明 |
| --- | --- |
| 钉施工缝模板或钉木箱 |    当混凝土凝固拆板以后，再把混凝土的表面凿花，来做日后的工作缝。<br>在钉施工模板以后，在混凝土刚刚凝固的时候，马上拆掉模板，再用高压水枪把水泥砂浆冲走，让石块外露来作为日后的连接位。  |
| 使用缓凝剂 | 用工程师批准的缓凝剂，浇在构件之间的连接位上，然后等混凝土凝固之后，再用高压水枪把模板旁边的缓凝剂清洗干净，那么露出来的石块就成为比较好的连接位了。   |
| 钉施工缝铁网 |  施工缝铁网是用来做混凝土临时施工缝边缘或界限的。而施工缝铁网的凹凸面日后可用做连接位。施工缝铁网要安装稳固。 |

不能有工作缝的位置：厨房、浴室、垃圾房、水表房、泵房等的楼面。至于平台的工作缝，要尽量做在有盖的楼面下，还要高于地面坡度的位置。另外为了加强防水的功能，平台的工作缝一定要留有止水带。当平台通过了小屋面的净水试验之后，就可以进行其他的防水和水泥工程了。

# 第八章 几种重要建筑构件的浇筑作业

## 第一节 混凝土柱

混凝土柱的施工，详见表 8-1。

混凝土柱的施工　　表 8-1

| 步骤 | 图示及说明 |
| --- | --- |
| 浇筑 | 柱子混凝土的浇筑宜在梁、板的模板安装完毕，钢筋未绑扎之前进行，这样可利用梁、板的模板稳定柱模，并利用其作为浇筑柱混凝土的操作平台。<br>1)浇筑一排柱子的顺序，应从两端同时开始向中间推进，不可从一端推向另一端，以免因浇筑混凝土后吸水膨胀而产生横向推力，累积到最后使柱子发生弯曲变形。<br>2）柱子应沿高度方向一次浇筑完毕。<br>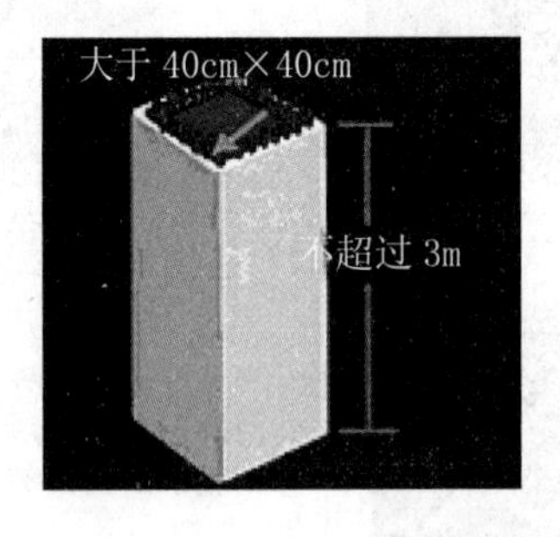<br>当柱高不超过 3m 时，可直接从柱顶向下浇筑。<br>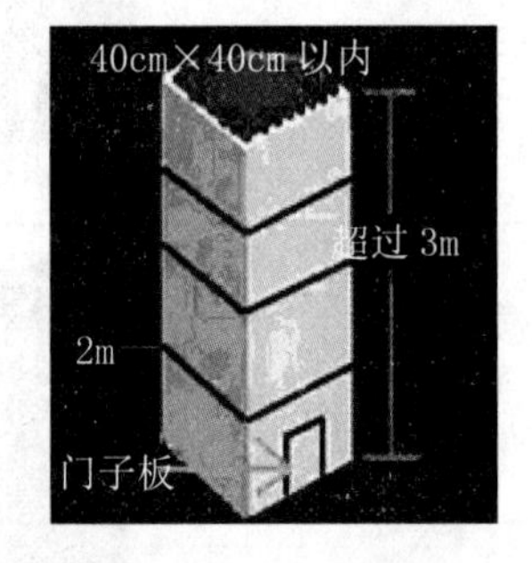<br>若超过 3m，则应采用串筒下料，或在柱的侧面开设门子洞作为浇筑口，分段进行浇筑，每段浇筑高度不得超过 2m。<br>① 如果柱子的箍筋妨碍斜溜槽的装置，可将箍筋的一端解开向上提起，待混凝土浇筑后，门子板封闭前，将箍筋重新按原位置绑扎，并将门子板封上，用柱箍夹紧。<br>② 使用斜溜槽下料时，可将其轻轻晃动，使下料速度加快。采用竖向串筒、溜管倒送混凝土时，柱子的浇筑高度可不受限制。 |

续表

<table>
<tr><th>步骤</th><th>图示及说明</th></tr>
<tr><td rowspan="4">浇筑</td><td> <br></td></tr>
<tr><td>③ 浇筑每层柱子时，为避免柱脚产生蜂窝、吊脚、烂根等现象，应在其底部先铺设一层 50 ～ 100mm 厚减半石子的混凝土或 50 ～ 100mm 厚水泥砂浆作交接浆。 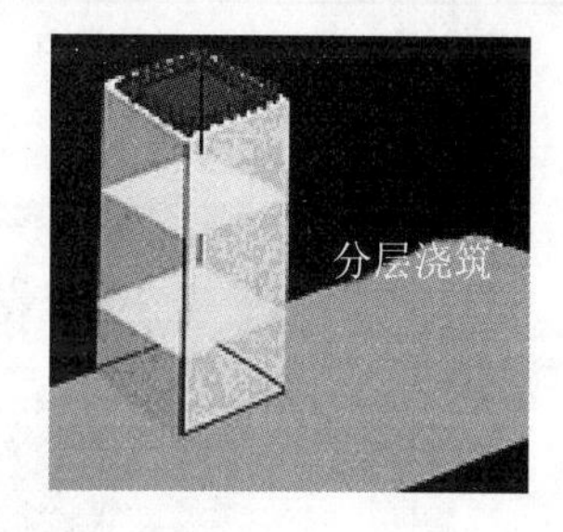<br></td></tr>
<tr><td> 3）柱子在分段浇筑时，必须分层浇筑混凝土，分层浇筑时，切不可一次投料过多，否则会影响质量。</td></tr>
<tr><td>当浇筑断面尺寸狭小且混凝土柱较高时，为防止混凝土灌至一定高度后，柱内积聚大量浆水，而可能造成混凝土不匀的现象，在浇筑至一定高度以后，可听从工程师指挥适量减少混凝土配合比的用水量。 </td></tr>
<tr><td>振捣</td><td>柱子混凝土一般用振捣棒，当振捣棒的软轴比柱子长 0.5 ～ 1m 时，待下料达到分层厚度后，即可将振捣棒的顶部，深入混凝土内部进行振捣；当振捣棒的软轴短于柱高时，则应从柱模侧面的门子洞进行振捣。<br>振捣棒插入下一层混凝土中的深度不小于 50mm，以保证上下混凝土结合处的密实性。当柱子的断面较小，且配筋较为密实时，可将柱模一侧全部配成横向模板，从下至上，每浇筑一节就封闭一节模板，便于混凝土振捣密实。 </td></tr>
</table>

## 第二节 混凝土墙

混凝土墙的施工，详见表 8-2。

混凝土墙的施工　　表 8-2

| 步骤 | 图示及说明 |
|---|---|
| 浇筑 | 墙体混凝土浇筑时，应遵循先边角、后中部，先外部、后内部的过程，以保证外部墙体的垂直度。<br> <br>高度在 3m 内，且截面尺寸较大的外墙与隔墙，可从墙顶向模板内卸料。卸料时应安装料斗缓冲，以防混凝土离析。<br>对于截面尺寸狭小，且钢筋较密集的墙体，以及高度大于 3m 的任何截面墙体的混凝土浇筑，均应沿墙高度每两米开设门子洞口，用卸料槽卸料。<br>浇筑截面较狭且深的墙体混凝土时，为避免混凝土浇筑到一定高度以后，由于积聚大量浆水，而可能造成混凝土强度不均匀现象，适宜在灌注适宜高度以后，适量减少混凝土用水量。<br>墙壁上有门、窗及工艺孔洞时，宜在门、窗及工艺孔洞两侧同时对称下料，以防将孔洞模板挤扁。<br>墙模浇筑混凝土时，应先在底层铺一层厚度为 50 ～ 80mm 与混凝土内成分相同的水泥砂浆，再分层浇筑混凝土。<br>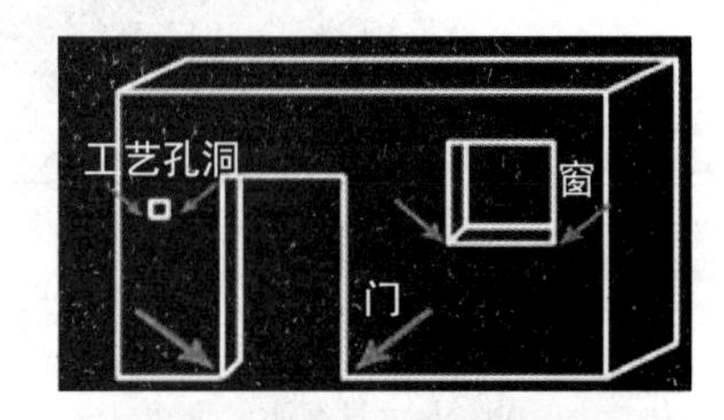<br><br>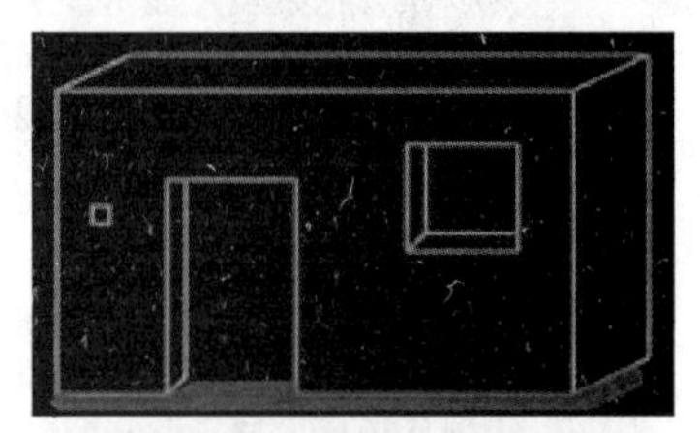<br>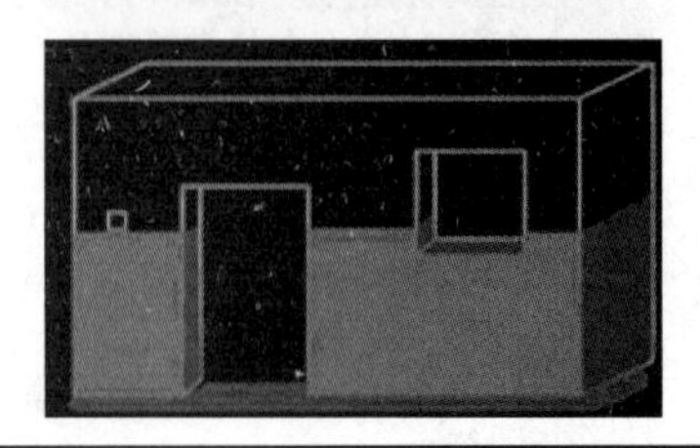 |

续表

| 步骤 | 图示及说明 |
|---|---|
| 振捣<br>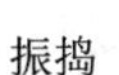 | 对于截面尺寸厚大的混凝土墙，可使用振捣棒振捣，其振捣深度为25cm左右，当墙体截面尺寸较厚时，也可在两侧悬挂附着式振捣器振捣。<br>墙体混凝土应分层浇筑，分层振捣。上层混凝土的振捣需要在下层混凝土初凝前进行，同一层段的混凝土应连续浇筑，不宜停歇。<br>使用振捣棒，如遇门窗洞口时，应两边同时对称振捣，避免将门窗洞口挤偏，同时不得用振动器的棒头猛击预留孔洞、预埋件和闸盒等。<br>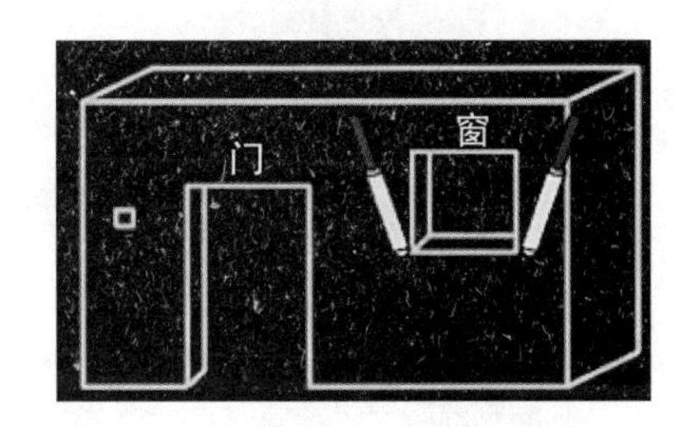<br>对于设计有方形孔洞的整体，为防止孔洞底模下出现空鼓，通常浇至孔洞标高后，再安装模板，继续向上浇筑混凝土。<br>墙体混凝土使用振捣棒时，如振捣棒软轴较墙高长时，待下料达到分层厚度后，可将振动器从墙顶深入墙内振捣；振捣棒软轴较墙高短时，应从门子洞深入墙内振捣。<br>注：为避免振动器棒头撞击钢筋，宜先将振捣棒找到振捣位置后再合闸振捣，使用附着式振动器振捣时，可分层浇筑、分层振捣，也可边浇筑、边振捣。<br>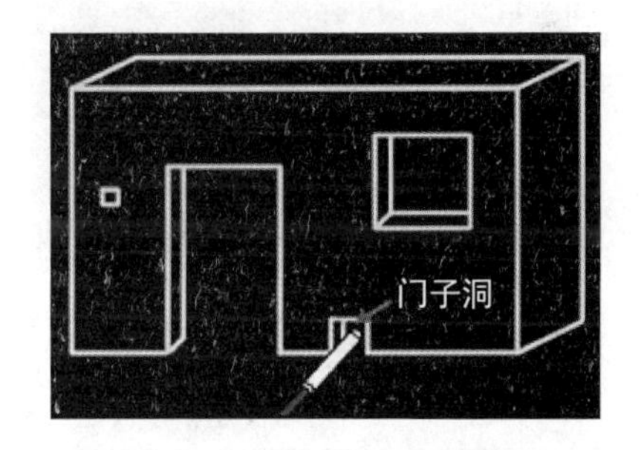 |

## 第三节 肋形楼板

肋形楼板的施工，详见表8-3。

**肋形楼板的施工** 表8-3

| 步骤 | 图示及说明 |
|---|---|
| 浇筑 | 有主、次梁的肋形楼板，混凝土的浇筑方向，应顺次梁方向，主、次梁同时浇筑，在保证主梁浇筑的前提下，将施工缝留置在次梁跨中1/3的跨度范围内。 |

续表

<table>
<tr><th>步骤</th><th>图示及说明</th></tr>
<tr><td>浇筑</td><td>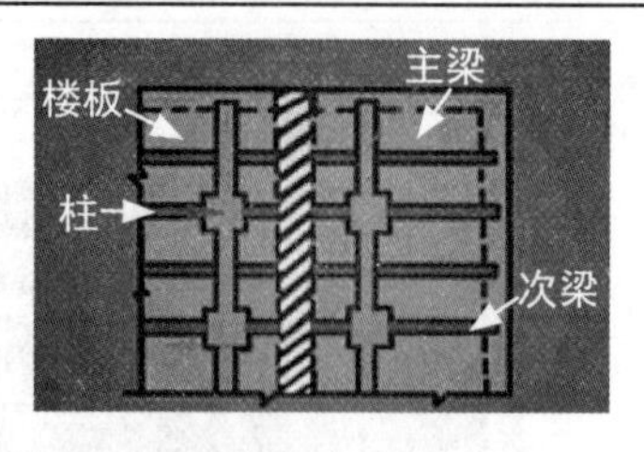

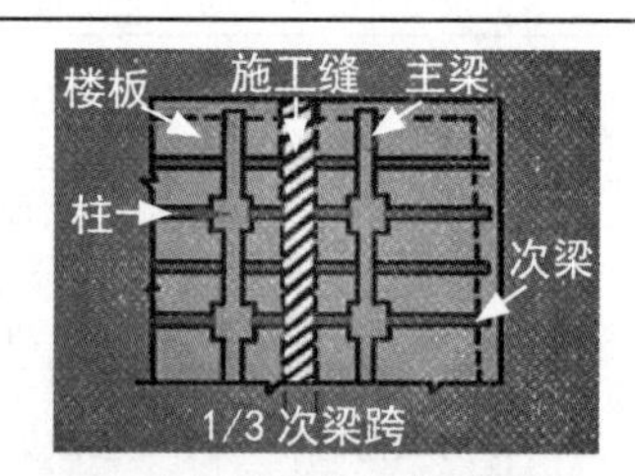

当采用小车或料斗运料时，宜将混凝土料先卸在铁拌盘上，再用铁锹往梁里浇筑混凝土，浇筑时，一般采用带浆法下料。即铁锹背靠着梁的侧模向下倒，在梁的同一位置的两侧，各站一人，一边一锹，均匀下料。
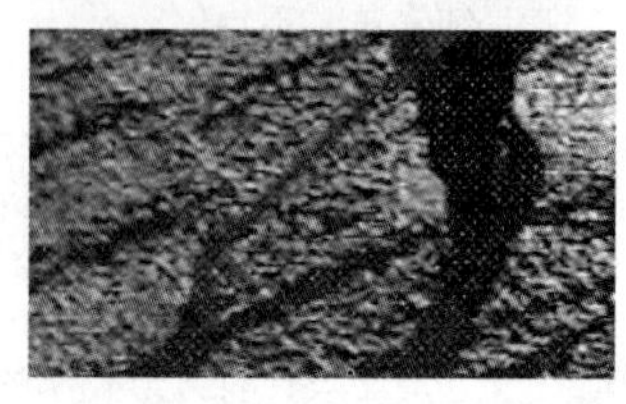

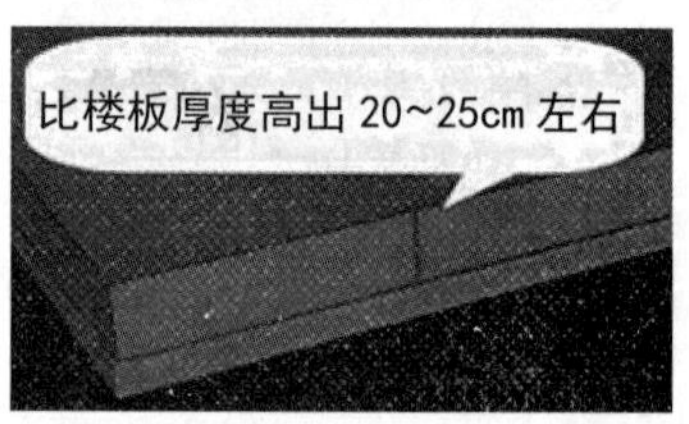

浇筑楼板混凝土时，可直接将料卸在楼板上，但是需要注意，不可集中卸在楼板边角或有上层构造钢筋的楼板处。同时，还应注意小车和料斗的浆料，浆多石少或浆少石多的混凝土料均匀搭配，楼板混凝土的虚铺高度，可比楼板厚度高出 20 ～ 25cm 左右。</td></tr>
<tr><td>振捣</td><td>梁高度大于 1m，可先浇筑主、次梁混凝土，后浇筑楼板混凝土，其水平施工缝留在板底以下 20 ～ 30mm 处，梁高度大于 0.4m 小于 1m 应先分层浇筑梁混凝土。待梁混凝土浇筑至楼板底时，梁与板再同时浇筑。<br>当梁的钢筋较密集采用振捣棒振捣有困难时，机械振捣可与人工赶浆法捣固相配合，具体操作方法：
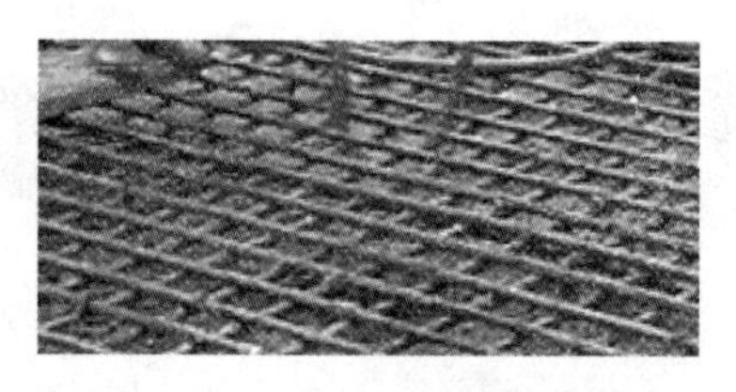

从梁的一端开始，先在起头约 600mm 长的一小段里铺一层厚为 15mm 与混凝土内成分相同的水泥砂浆，然后在砂浆上下一层混凝土料，由两人配合。人站在浇筑混凝土前进一端，面对砂浆使用振捣棒振捣，使砂浆先流到前面和底部，以便让砂浆包裹石子，而另一人站在后面，面朝前进方向，用捣钎靠着侧模及底模部位往前跑。往回勾石子，以免石子挡住砂浆。捣固梁两侧时，捣钎要紧贴模板侧面，待下料延伸至一定距离后，再重复第二遍，直至振捣完毕。<br>在浇捣第二层时，可连续下料，不过下料的延伸距离应略比第一层短些，以形成阶梯形。
</td></tr>
</table>

续表

<table>
<tr><th>步骤</th><th>图示及说明</th></tr>
<tr><td>振捣</td><td> <br>对于主、次梁与柱结合部位，由于梁上部钢筋特别密集，振捣棒无法插入，此时可将振捣棒从上部钢筋较稀疏的部位斜插入梁端，进行振捣，所以当截面较高时，梁下部也不宜振捣密实。这种情况下必须加强人工振捣，以保证混凝土密实。该部位混凝土浇筑有困难时，可改用细石混凝土浇筑。<br>浇筑楼板混凝土时，宜采用平板振动器，当浇筑小型平板时，也可以采用人工捣实。人工捣实用带浆法操作时由板边开始，铺上一层厚度为 10mm，宽约 300 ～ 400mm 与混凝土成分相同的水泥砂浆，此时，操作者应面向来料方向，与浇筑的前进方向一致，用铁铲采用反铲下料。</td></tr>
<tr><td>混凝土表面的修整</td><td>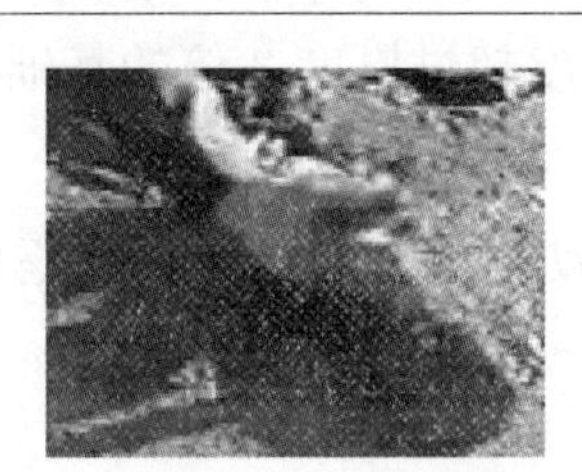 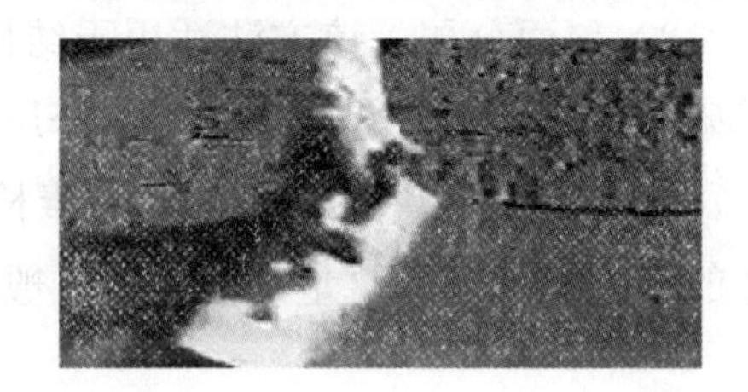<br><br>板面如需抹光的，先用大铲将表面拍平，局部石多浆少的，另需补浆拍平。再用木抹子打磋，最后用斜抹子压光。对于因木橛子取出而留下的洞眼，应用混凝土补平、拍实后再收光。</td></tr>
</table>

## 第四节 大体积基础的浇筑

大体积基础包括大型设备基础、大面积满堂基础、大型构筑物基础等。大体积混凝土尺寸很大，整体性要求很高，混凝土必须连续浇筑，不留施工缝。必须采取措施解决水化热及随之引起的体积变形问题，以尽可能减少开裂。因此，除应分层浇筑、分层捣实外，还必须保证上下层混凝土在初凝前结合好。在浇筑前应认真做好施工方案，确保基础的浇筑质量。

## 1. 大体积混凝土基础浇筑

1）全面分层。采用全面分层浇筑时，应做到第一层全面浇筑完毕后，回过头来浇筑第二层时，第一层的混凝土还未初凝。施工时要分层振捣密实，并须保证上下层之间的混凝土在初凝之前结合，不致形成施工缝。该方法适用于平面尺寸不大的结构，如图 8-1（a）所示。

2）分段分层。该方法适用于厚度不大，但面积和长度较大的结构。混凝土从底层开始浇筑，进行至一定距离后再回过头来浇筑底层混凝土，如图 8-1（b）所示。

3）斜面分层。该方法适用于结构的长度超过厚度 3 倍的基础。浇筑仍从基础的下部开始，然后逐渐斜面分层上移，如图 8-1（c）所示。

分层的厚度决定于振动器的棒长和振动力的大小，也要考虑混凝土供应量的大小和可能浇筑量的多少，一般为 20 ～ 30cm。

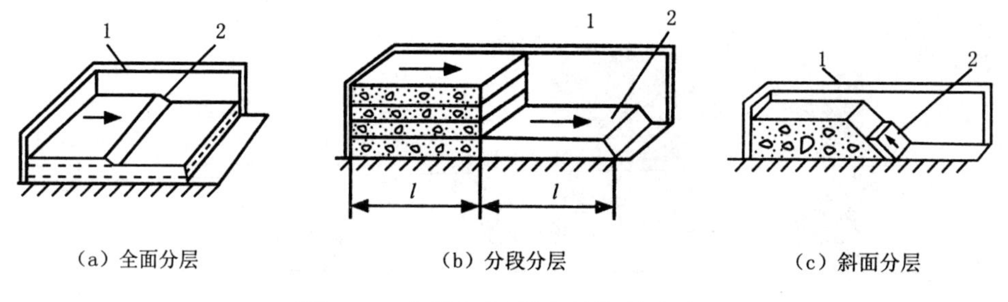


（a）全面分层　（b）分段分层　（c）斜面分层

图 8-1　大体积混凝土的浇筑方案

1—模板；2—新浇筑的混凝土

## 2. 大体积混凝土基础浇筑前的措施

浇筑大体积基础混凝土时，由于凝结过程中，水泥会散发出大量的热，形成的内外温度差较大，宜使混凝土产生裂缝。因此，在浇筑大体积混凝土应采取以下措施：

1）选用水化热较低的水泥（图 8-2），如矿渣水泥、火山灰质或粉煤灰水泥；或在混凝土中掺入缓凝剂或者是缓凝型减水剂；

2）选择级配良好的骨料，尽量减少水泥用量，使水化热相对降低；

3）尽量降低每立方米混凝土的用水量；

4）尽量降低混凝土的水模温度；

5）在混凝土内部预埋冷却水管，用循环水降低混凝土的温度。

图 8-2 水化热较低的水泥

## 第五节 浇筑混凝土的注意事项

一般比较小的构件，在浇筑混凝土时通常可以一次性地浇筑。如果构件较大，如基础、转换楼层或承重墙等，那就要用层叠的方式分层浇筑混凝土，同时还要用振捣棒，把前一层和刚浇的一层混凝土全部振妥，避免有冷接缝的出现。每次浇筑时，都要用振捣棒进行振妥，振时不可过度，否则会把石和水泥浆分开，出现分层现象。不同材料的振动时间是不同的，如发现水泥浆浮到表面，则需要将振管抽出。

要控制构件的厚度，可以用墨线和铁钉在模板上面做记号（图 8-3），也可以在垂直的钢筋上做记号，这样可以防止在浇筑混凝土时高低不平影响结构。

图 8-3 用墨线和铁钉在模板上面做记号

除上述注意事项外，在不同位置浇筑混凝土还有其他需要注意的，详见表 8-4。

不同位置混凝土浇筑的注意事项　　表 8- 4

<table>
<tr><th>项目</th><th>图示及说明</th></tr>
<tr><td>垫层施工</td><td>

当泥地被压实到满足要求之后，用铁枝中间的距离表示水平距离，一般为 2m。用水平泥饼来控制混凝土的厚度，一般是 75 ～ 100mm 厚。垫层的混凝土属于非承重性混凝土，主要作用是保护承重性混凝土和决定水平工作面。
</td></tr>
<tr><td>基础施工</td><td>
独立基础或桩承台，它的厚度通常超过 2m，操作方法通常使用泵车。采用分层的方法进行浇筑，每层大约是 500mm，以避免基础混凝土产生冷接缝。

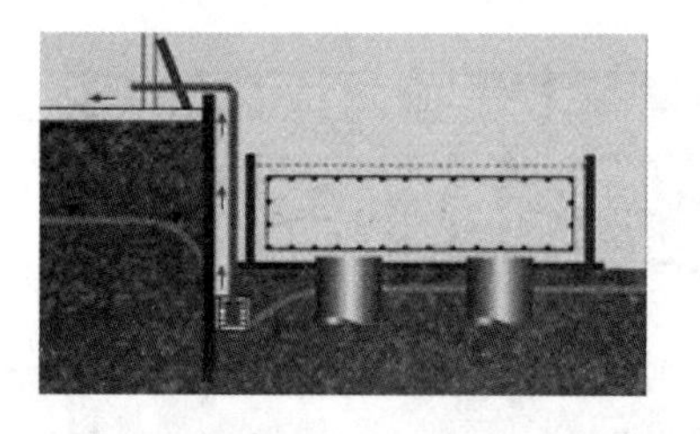

基础是低于地面的，因此，在浇筑前要注意地下水的情况，如果有地下水，就要用安全的抽水方法把水引离浇筑混凝土的现场，并妥善处理好，以免地下水冲走或稀释混凝土中的水泥成分，而减弱应有的强度。
</td></tr>
<tr><td>转换楼层或非标准楼层</td><td>
转换楼层是很重要的结构层，厚度一般会超过 2m，在浇筑转换楼层混凝土之前，所有的数据、承托支架和其他受影响的楼层结构等，一定要先得到工程师的批准确认才行。

</td></tr>
</table>

续表

<table>
<tr><th>项目</th><th>图示及说明</th></tr>
<tr><td>转换楼层或非标准楼层</td><td><br>转换楼层一般分两次进行浇筑，当第一层浇筑完成后，要同时把工作缝和粘在钢筋上的混凝土处理好，同时要留意第一次和第二次浇筑的混凝土之间的特别扣件的位置。<br>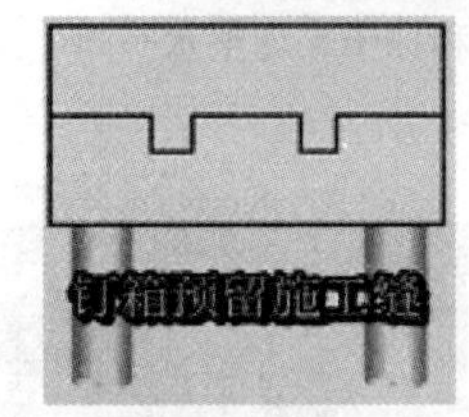<br><br><br>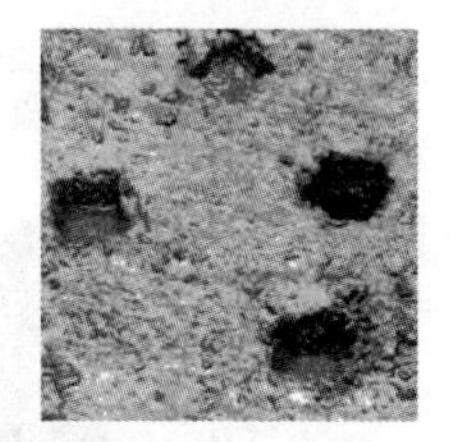<br>可以用插铁枝或者是钉箱的方法预留施工缝，又或者是把已经完成的混凝土表面凿出施工缝等，所有的方法一定要先得到工程师的批准，方可进行。<br>注：在进行第二次浇筑之前，要将所有的垃圾清理妥当。</td></tr>
<tr><td>储水缸</td><td>建造储水缸时，一次性的在底部和墙身浇筑混凝土，而混凝土的接口，一定要预留在储水缸满水位之上，可避免发生渗漏。<br><br>所有法兰套筒要测试合格和确保已经稳固的安装，然后才可以浇筑防水混凝土，而且法兰套筒周围的位置和钢筋之间是紧密连接的。因此，要确保法兰套筒周围浇满混凝土而且振妥才可以。<br>注：承建商要安排储水缸的储水测试，确保无渗漏。<br></td></tr>
<tr><td>标准楼层施工</td><td>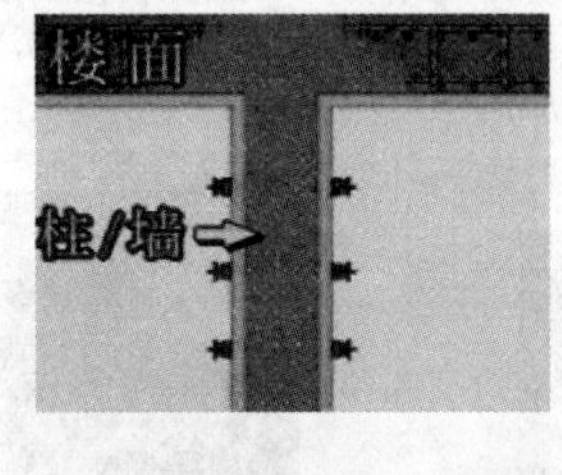<br><br>包括楼面、墙身、梁、柱头以及楼梯。在楼面和梁浇筑混凝土时，因为墙身和柱一般都用强度较高的混凝土，因此要先浇筑墙身，柱头到柱的位置，之后在楼面浇筑强度较低的混凝土。要注意强度较低的混凝土不能混到柱头的位置。<br><br></td></tr>
</table>

续表

| 项目 | 图示及说明 |
| --- | --- |
| 标准楼层施工<br>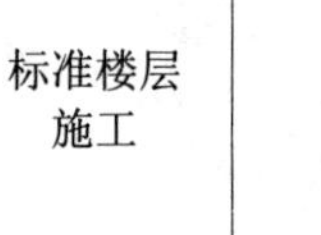 | 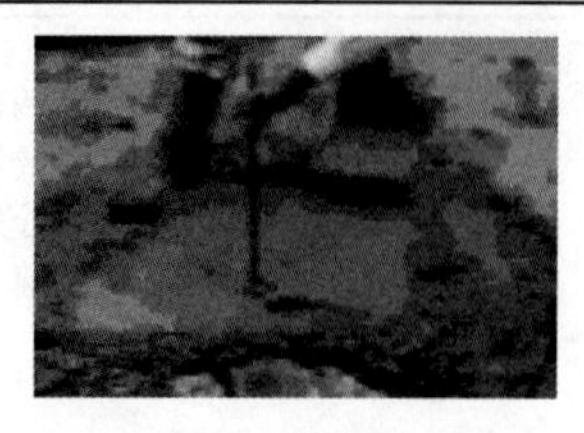<br>承建商要用不同长度的铁枝测量器来测定楼面混凝土的厚度，合格后要用铁锹平整混凝土，还要用托板来弄平混凝土表面。<br>对于墙身和柱头的混凝土位置，可以用尺和抹子来调整水平即可。之后将钢筋上的混凝土清理干净。<br> <br> <br>同时，水平测量员要一起检定混凝土表面的高低程度。<br>一般楼梯都是跟墙身相连接的，而楼梯的厚度则是在浇筑混凝土之前，先要检定楼梯模板和斜面之间的距离是正确的才可以。一般楼梯顶部和楼梯底部都有梁承托，为了避免在梁旁边形成工作缝影响结构，一般会较楼面多浇 2 ～ 3 级的混凝土，而墙身和楼梯之间会形成垃圾陷阱，所以在下一次楼梯浇筑混凝土时，承建商一定要小心地把垃圾和污水彻底清掉，避免施工缝形成缺陷。<br>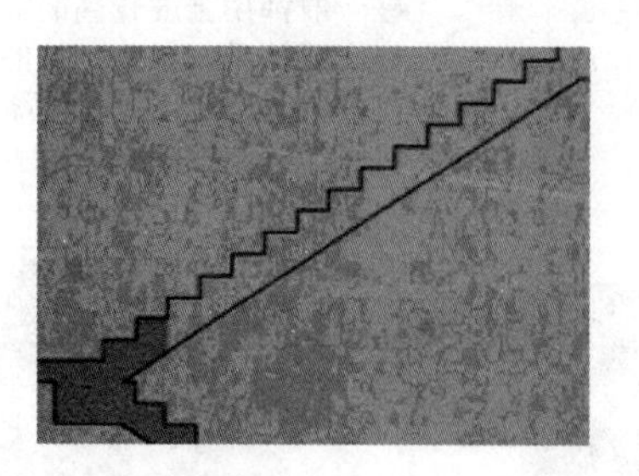  |

续表

<table>
<tr><th>项目</th><th>图示及说明</th></tr>
<tr><td>屋面和小屋面</td><td><br>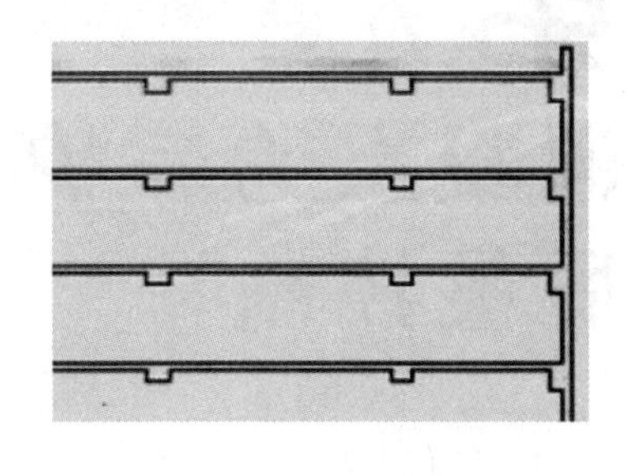<br>厚度要配合坡度要求，一般要采用防水混凝土，在浇筑完成以后，要在屋面浇水进行质量检查。最后，还要到顶层检验测试，确保不会有渗漏。</td></tr>
<tr><td>悬臂结构</td><td>窗台、空调机窗台、窗檐、建筑特色线条、悬臂吊梁和留孔位置等，浇筑混凝土的级别要跟各自相连的墙身、楼面或柱的混凝土级别相同才行，另外大部分悬臂结构会用手推车和铁锹或是用吊斗的方法来浇筑。<br><br><br>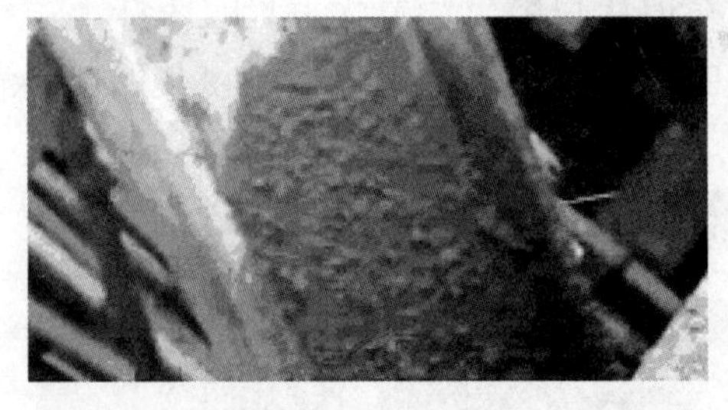<br>要用临时的斜板来作引导及遮挡的工具，避免混凝土被倒到楼的外面去。<br>注：因为这种混凝土的浇筑是有限制的，因此要格外注意安全。当浇筑窗台底部的混凝土时，要确保浇筑满，同时均匀振捣。当混凝土刚开始凝固时，就可以浇筑墙身和楼面混凝土，还要把窗台顶模板浇满混凝土和振妥。整个程序要在30～45min内完成。</td></tr>
</table>

# 第九章 混凝土的养护及质量控制

## 第一节 混凝土的养护

### 1. 自然养护

#### （1）喷水养护

覆盖浇水养护在自然气温高于5℃的条件下，用草袋、麻袋、榉木等覆盖混凝土（图9-1），在上面经常浇水，使其保持湿润。

图9-1

图9-2

普通混凝土浇筑完毕应在12h内加以覆盖并浇水，浇水次数以能保证混凝土足够的湿润状态为宜（图9-2）。一般气候条件下，在浇筑后最初3d内白天每隔2h浇水一次，夜间至少浇水2次。在以后的养护期内，每昼夜至少浇水4次，在干燥的气候条件下，浇水的次数应适当的增加。浇水养护期长短，一般以混凝土强度达到标准强度的60%左右为宜。

一般情况下，硅酸盐水泥、普通硅酸盐水泥和矿渣硅酸盐水泥拌制的混凝土，其养护时间不应少于7d；火山灰质硅酸盐水泥及粉煤灰硅酸盐水泥拌制的混凝土，其养护时间不应少于14d；矾土水泥拌制的混凝土，其养护的时间不应少于3d；掺用缓凝剂或有抗渗要求的混凝土，其养护时间不应少于14d；其他品种水泥拌制的混凝土，其养护时间应根据水泥的技术性质确定。

### （2）太阳能养护

太阳能养护属于露天自然条件下高温介质的养护，利用辐射及热容效应建成的太阳能养护罩、池是较简单的太阳能养护设施。如图9-3所示。

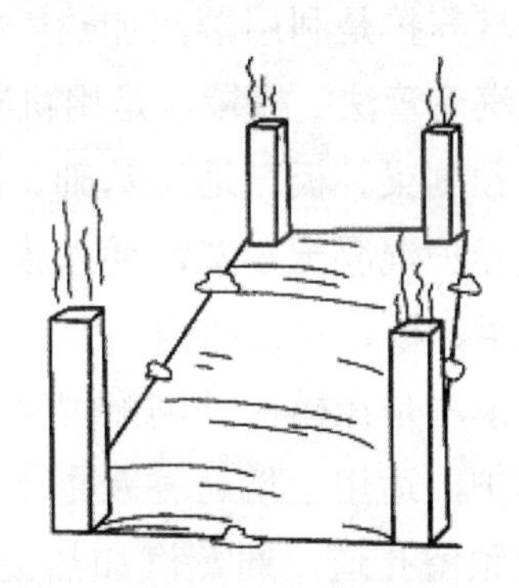

图9-3 太阳能养护

太阳能养护罩罩面材料要求密封性好、透光率高，一般采用透明塑料薄膜及玻璃钢，罩面的倾角 $\alpha$ 应使罩内获得最大的辐射强度。

太阳能养护罩、池的内衬选择，直接影响对太阳辐射热的吸收。一般内衬常涂黑色，也可考虑以真空镀铝涤纶薄膜作内衬，以增加辐射强度。内衬材料对辐射强度的影响如表9-1所示，太阳能养护效果如表9-2所示。

内衬材料对辐射强度的影响（$J/cm^2$） 表9-1

| 内衬种类 | 测试时间（h） | | | | | | | | | |
|---|---|---|---|---|---|---|---|---|---|---|
| | 9 | 10 | 11 | 12 | 13 | 14 | 15 | 16 | 17 | 18 |
| 镀铝薄膜 | 0.35 | 0.75 | 0.90 | 1.18 | 1.26 | 0.70 | 0.69 | 0.45 | 0.29 | 0.07 |
| 涂黑板漆 | 0.19 | 0.50 | 0.56 | 0.65 | 0.55 | 0.46 | 0.50 | 0.33 | 0.17 | 0.04 |

太阳能养护效果　　表 9-2

| 项目名称 | 冬季 | | 春、秋季 | | 夏季 | | 全年 | |
|---|---|---|---|---|---|---|---|---|
| | 自然 | 太阳能 | 自然 | 太阳能 | 自然 | 太阳能 | 自然 | 太阳能 |
| 介质最高温度（℃） | 18 | 60 | 29 | 80 | 40 | 90 | 40 | 90 |
| 抗压 $R_{1d}$(MPa) | 1.98 | 8.62 | 3.97 | 8.19 | 6.39 | 11.73 | 4.29 | 9.51 |
| 强度 $R_{1d}/R_{设}$(%) | 10 | 43 | 20 | 41 | 35 | 59 | 23 | 48 |

## 2. 蒸汽养护

蒸汽养护是利用蒸汽加热养护混凝土。可选用棚罩法、蒸汽套法、热模法、蒸汽毛管法。棚罩法是用帆布或其他罩子扣罩，内部通蒸汽养护混凝土，适用于预制梁、板、地下基础、沟道等。蒸汽套法是制作密封保温外套，分段送汽养护混凝土，蒸汽通入模板与套板之间的空隙，来加热混凝土，适用于现浇梁、板、框架结构、墙、柱等。其构造如图 9-4。

热模法是在模板外侧配置蒸汽管，先加热模板，再由模板传热给混凝土进行养护，适用于墙、柱及框架结构，其构造如图 9-5。蒸汽毛管法是在结构内部预留孔道，通蒸汽加热混凝土进行养护，适用于预制梁、柱、桁架，现浇梁、柱、框架梁，其构造如图 9-6。

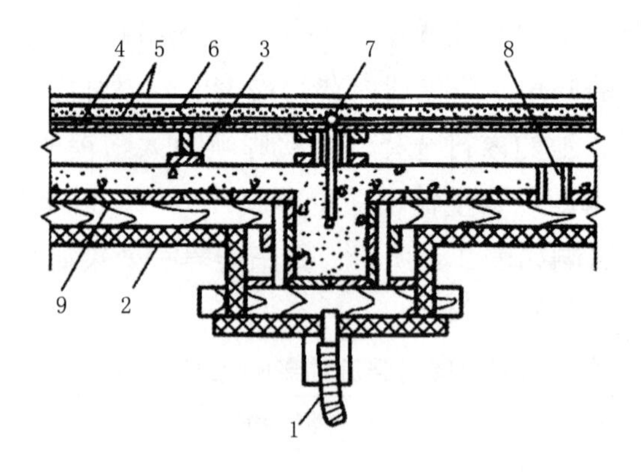


图 9-4　蒸汽套构造示意图

1—蒸汽管；2—保温套板；3—垫板；4—木板；
5—油毡；6—锯末；7—测温孔；8—送汽孔；9—模板

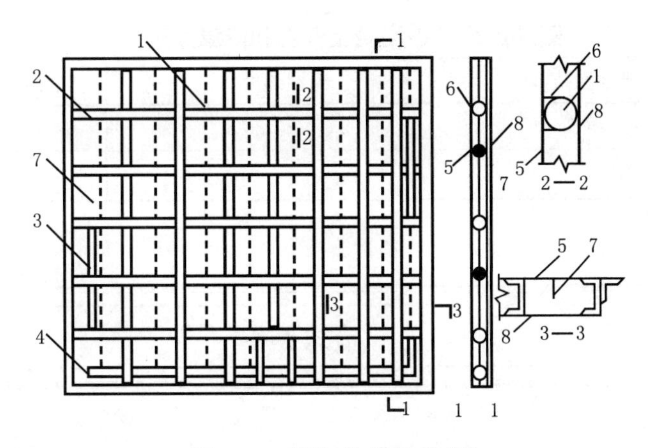

图 9-5　蒸汽热模构造图

1—$\phi$89m 钢管；2—$\phi$20mm 进汽口；3—$\phi$50mm 连通管；4—$\phi$20mm 出汽口；5—3mm 厚面板；6—3mm×50mm 导热横肋；7—导热竖肋；8—26 号薄钢板

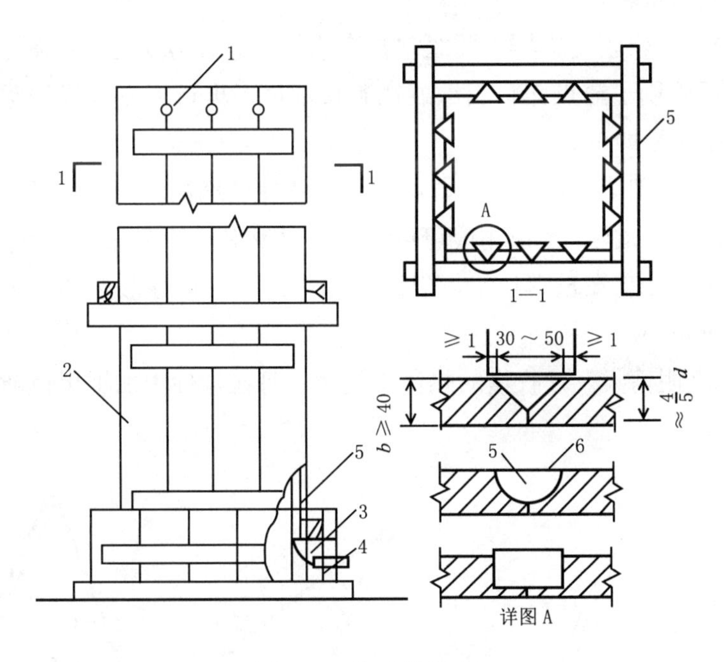

图 9-6　柱毛管模板

1—出汽孔；2—模板；3—蒸汽分配箱；4—进汽管；5—毛管；6—薄钢板

蒸汽养护应使用低压饱和蒸汽。采用普通硅酸盐水泥时最高养护温度不超过 80℃，采用矿渣硅酸盐水泥时可提高到 85℃，但采用内部通汽法时，最高加热温度不超过 60℃。采用蒸汽养护整体浇筑的结构时，升温和降温速度不得超过表 9-3 的规定。蒸汽养护混凝土可掺入早强剂或无引气型减水剂。

蒸汽加热养护混凝土升温和降温速度 表 9-3

| 结构表面系数（$m^{-1}$） | 升温速度（℃/h） | 降温速度（℃/h） |
| --- | --- | --- |
| ≥6 | 15 | 10 |
| <6 | 10 | 5 |

## 3. 箱式养护

箱式太阳能养护罩其结构如图 9-7。

1）养护时要加强管理，根据气候情况，随时调整养护制度，当湿度不够时，要适当喷水。

2）塑料薄膜较易损坏，要经常检查修补。修补方法是：将损坏部分擦洗干净，然后用刷子蘸点塑料胶涂刷在破损部位，再将事先剪好的塑料薄膜贴上去，用手压平即可。

3）采用太阳能集热箱养护混凝土应注意使玻璃板斜度与太阳光垂直或接近垂直射入效果最好；反射角度可以调节，以反射光能全部射入为佳；反射板在夜间宜闭合，盖在玻璃板上，以减少箱内热介质传导散热的损失，吸热材料要注意防潮。

4）当遇阴雨天气，收集的热量不足时，可在构件上加铺黑色薄膜，提高吸收效率。

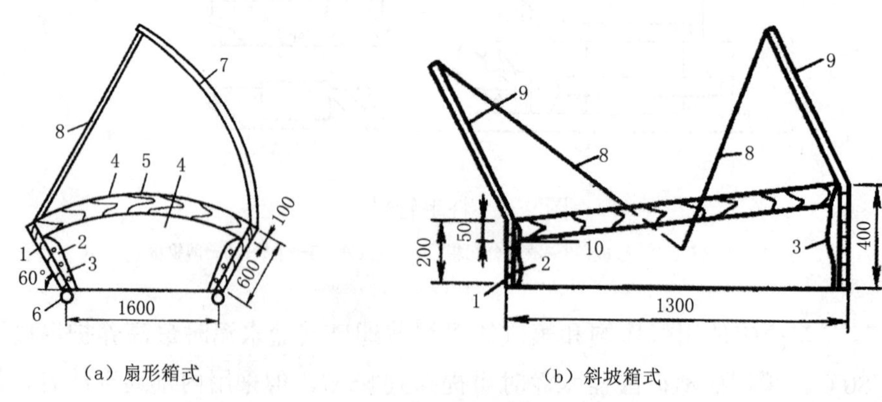


（a）扇形箱式　（b）斜坡箱式

图 9-7 箱式太阳能养护罩

1—10mm 厚木板；2—旧棉花 30 ～ 50mm；3—黑色塑料薄膜；4—透明塑料薄膜；5—弧形木方 25mm×100mm；6—橡胶内胎皮；7—箱盖（胶合板内刷铝粉）；8—撑杆；9—镀铝涤纶布反射盖

### 4. 冬期施工的养护方法

冬期施工混凝土的养护方法的选择，应根据当地历年气象资料和施工时的气象预报、结构特点、施工技能要求、原材料及能源情况和现场条件综合考虑确定。这时的养护方法包括：

1）蓄热法：使用保温材料，如草帘、草袋、锯末（图9-8）等，对混凝土加以适当覆盖保温，以期达到养护的目的。

2）暖棚法：在养护构件或建筑物周围搭设暖棚进行保温。

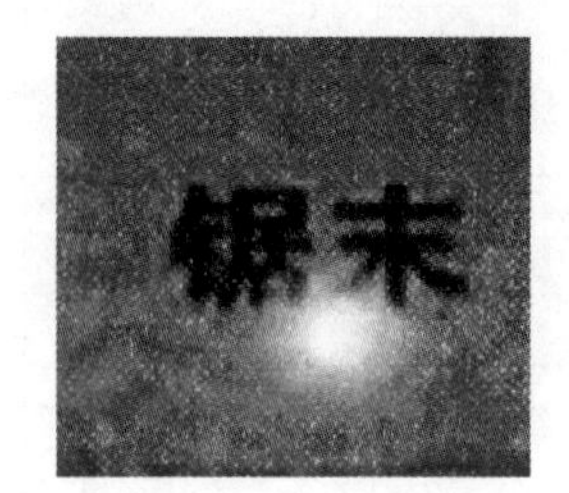


图9-8 保温材料

## 第二节 混凝土施工中常见质量缺陷及通病

混凝土施工中常见质量缺陷及通病见表9-4。

混凝土施工中常见质量缺陷及通病 表9-4

| 现象 | 产生原因 | 预防措施 |
| --- | --- | --- |
| 蜂窝 | 1）振动不实或漏振<br>2）模板缝隙过大导致水泥浆流失<br>3）钢筋较密或石子粒径相对过大 | 1）按规定使用和移动振捣器<br>2）中途停息后再浇基础时，新旧接缝范围要小心振捣<br>3）模板安装前清理模板表面及模板拼接处的黏浆，使接缝严密<br>4）接缝宽度超过2.5mm时，应采取措施填缝，箍筋过密时应选择相应的石子粒径 |

续表

| 现象 | 产生原因 | 预防措施 |
| --- | --- | --- |
| 麻面 | 1）模板表面不光滑<br>2）模板湿润不够<br>3）漏涂隔离剂 | 1）模板应平整光滑，安装前要把黏浆清除干净，并涂满隔离剂<br>2）浇捣前对模板要浇水湿润 |
| 露筋 | 1）钢筋保护层垫块不足，导致钢筋紧贴模板<br>2）振捣不实 | 1）钢筋垫层厚度等要符合设计规定的保护层厚度<br>2）垫层放置间距适当，钢筋直径较大时垫块间距宜小些，使钢筋下垂挠度较小<br>3）使用振捣器必须待混凝土中的气泡完全排除后才移动 |
| 孔洞 | 在钢筋较密部位，混凝土被卡住或漏振 | 1）对钢筋较密的部位（如梁柱接头）应分次下料，缩小分层振捣的厚度<br>2）按照规程使用振捣棒 |
| 缝隙及夹渣 | 施工缝没有按规定进行清理和浇浆，特别是柱头和梯板脚 | 浇筑前对柱头、施工缝、梯板脚等部位重新检查，清理杂物、泥沙、木屑 |
| 缺棱掉角 | 1）投料不准确，搅拌不均匀，出现局部强度低的现象<br>2）拆模板过早，拆模板方法不当 | 1）指定专人监控投料，投料计量准确<br>2）搅拌时间要足够<br>3）拆除时对构件棱角应予以保护 |
| 混凝土基础柱底部烂根 | 1）模板下口缝隙不严密，导致水泥漏浆<br>2）浇筑前没有先浇足够50mm厚以上同强度等级水泥砂浆 | 1）模板缝隙宽度超过2.5mm时应予以填塞严密，特别要防止侧板吊脚<br>2）浇筑混凝土前先浇足50mm厚同强度等级的水泥砂浆 |
| 立柱节点（接头）断面尺寸偏差过大 | 1）柱头模板刚度差<br>2）缺乏质量控制和监督 | 安装模板前，先检查其断面尺寸、垂直度、刚度，符合要求才允许接梁模板 |
| 混凝土基础表面平整度差 | 1）未设现浇板厚度控制点，振捣后没有用拖板、刮板抹平<br>2）没有符合尺寸的模板定位<br>3）混凝土未凝固就在上面行人和操作 | 浇灌混凝土前做好板厚控制点，提倡使用拖板或刮板抹平，跌级要使用平直、厚度符合要求的模具定位；混凝土抗压强度达到1.2MPa后才允许在混凝土面操作 |
| 基础轴线位移，螺孔、埋件位移 | 1）模板支撑不牢<br>2）埋件固定措施不当<br>3）浇筑时受到碰撞 | 1）基础混凝土模板支撑系统要予以充分考虑<br>2）当混凝土捣至螺孔底时，要进行复线检查，及时纠正<br>3）浇筑混凝土时应在螺孔周边均匀下料，对重要的预埋螺栓尚应采用钢架固定<br>4）必要时进行二次浇筑 |

续表

| 现象 | 产生原因 | 预防措施 |
| --- | --- | --- |
| 混凝土表面不规则裂缝 | 1）温度和湿度的变化<br>2）混凝土的脆性和不均匀性<br>3）结构不合理<br>4)原材料不合格（如碱骨料反应）<br>5）模板变形<br>6）基础不均匀沉降<br>7）淋水保养不及时，湿润不足，水分蒸发过快 | 1）采用改善骨料级配，用干硬性混凝土掺混合料，加引气剂或塑化剂等措施以减少混凝土中的水泥用量<br>2）拌合混凝土时加水或用水将碎石冷却——降低混凝土的浇筑温度<br>3）热天浇筑混凝土时减少浇筑厚度，利用浇筑层面散热<br>4）在混凝土中埋设水管，通入冷水降温<br>5）规定合理的拆模时间，气温骤降时进行表面保温，以免混凝土表面发生急剧的温度梯度<br>6）施工中长期暴露的混凝土浇筑块表面薄壁结构，在寒冷季节采取保温措施<br>7）混凝土终凝后立即进行淋水保养<br>8）高温或干燥天气要加麻袋、草袋等覆盖，保持结构构件有较久湿润时间 |

## 第三节 混凝土的质量控制

混凝土质量控制应从混凝土组成材料、混凝土配合比设计和混凝土施工的全过程进行控制。

在混凝土施工中，要求混凝土的强度等级必须符合设计要求，其配合比、原材料计量、搅拌、养护和施工缝处理必须符合施工验收规范的规定。

对于每批运抵现场的商品混凝土，应该做坍落度试验，并且记录备查。应该根据规范要求，保留好混凝土试件，用于评定结构构件混凝土强度的试件，应在混凝土的浇筑地点，随机抽取（图 9-9）。

取样与试件留置应符合下列规定，每拌制 100 盘且不超过 100m$^3$ 的同配合比的混凝土，取样不得少于一次三块；每工作班拌制的同配合比的混凝土不足 100 盘时，取样不得少于一次；当一次连续浇筑超过 1000m$^3$ 时同一配合比的混凝土，每 200m² 的混凝土，取样不得少于一次；同一楼层，同一配合比的混凝土，取样不得少于一次。每次取样应至少留置一组标准养护试件，同条件养护试件的留置组数应根据实际需要确定。

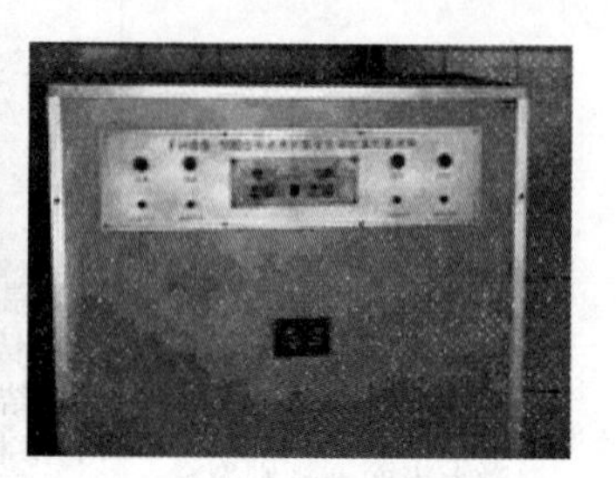

图 9-9　坍落度试验

应该认真做好工地混凝土试件的管理工作，从试模选择、试块取样、成型、编号以及养护等，要指定专人负责，以提高试件的代表性，正确地反映混凝土结构和构件的强度（图 9-10）。

图 9-10　试块

混凝土运输、浇筑及间歇的全部时间，不应超过混凝土的初凝时间，同一施工段的混凝土应连续浇筑，并在底层混凝土初凝之前，将上一层混凝土浇筑完毕；当底层混凝土初凝后，浇筑上一层混凝土时，应按施工缝的要求进行处理。

# 参考文献

[1] 国家标准. GB 50164—2011 混凝土质量控制标准 [S]. 北京：中国建筑工业出版社，2011.

[2] 行业标准. JGJ 55—2011 普通混凝土配合比设计规程 [S]. 北京：中国建筑工业出版社，2011.

[3] 国家标准. GB/T 50107—2010 混凝土强度检验评定标准 [S]. 北京：中国建筑工业出版社，2010.

[4] 国家标准. GB 8076—2008 混凝土外加剂 [S]. 北京：中国标准出版社，2009.

[5] 杨建华. 混凝土工技能 [M]. 北京：机械工业出版社，2007.

[6] 曹文达，于明. 混凝土工 [M]. 北京：金盾出版社，2010.

[7] 尚晓峰. 混凝土工 [M]. 北京：化学工业出版社，2009.

[8] 尹国元. 混凝土工基本技术 [M]. 北京：金盾出版社，2007.